KB173294

인터페론이란 무엇인가

IF의 발견과 미래

인터페론이란 무엇인가

IF의 발견과 미래

–
초판 1쇄 1983년 03월 20일
개정 1쇄 2023년 10월 17일

–
지 은 이 나가노 야스이치
옮 긴 이 이영순
발 행 인 손동민
디 자 인 강민영

–
펴낸 곳 전파과학사
출판등록 1956. 7. 23 제 10-89호
주 소 서울시 서대문구 증가로18, 204호
전 화 02-333-8877(8855)
팩 스 02-334-8092
이 메 일 chonpa2@hanmail.net
홈페이지 www.s-wave.co.kr
공식 블로그 http://blog.naver.com/siencia

ISBN **978-89-7044-631-8** (03470)

인터페론이란 무엇인가

IF의 발견과 미래

나가노 야스이치 지음 | 이영순 옮김

전파과학사

한국의 독자분들께

고대로부터 우리 동아시아 사람은 자연을 살펴보며, 천지 만물의 원리와 법칙의 진수에 다가서는 능력이 뛰어났습니다. 복잡 미묘한 현상의 핵심을 직관적으로 파악하는 능력을 타고났습니다. 그러나 분석적인 검색의 번거로움을 꺼리고 또 실리의 추구를 저속하다 하여 물리치는 풍조도 있어, 과거 수천 년 동안 동아시아에서는 과학이 번창하지 못했습니다.

그런데 직감이나 제멋대로 공상의 날개를 펼치는 일이 과학의 연구에서는 해가 될 뿐 아무 이득이 없는 것일까요? 절대 그렇지 않습니다. 연구, 즉 미지의 것의 진상을 밝혀낸다는 것은 변증법적인 논리만으로는 결코 이룩되지 않습니다. 자연을 바라보는 순진무구한 눈동자와 종횡무진으로 꿈꾸는 마음이 필요합니다. 즉 냉철한 이성과 섬세하고 미묘한 직관, 이 둘을 교묘하게 융합시키지 않으면 안 됩니다. 그런 일을 동아시아의 우리 조상들은 조금 게을리했던 것 같습니다.

그러나 20세기에 접어들고부터 서양식 논리와 기법을 열정적으로 습득해서 선천적인 예리한 직관력 외에 엄밀한 실증 정신까지도 몸에 익혔습니다.

'빛은 동방에서부터'라는 독선에 빠져들어서는 안 되겠지만 우리 동아시아 민족 고유의 재능을 충분히 살려 세계 과학의 추진력 중 하나가 되지 않으렵니까.

나가노 야스이치

머리말

훌륭한 기초의학자는 강인한 관찰력과 투철한 논리를 지니고 있지만, 그 가슴 속 깊숙이에는 환자의 괴로움과 슬픔, 죽음에 대한 공포를 함께 느끼며 괴로워하고, 슬퍼하며 두려워하는 마음을 간직한다.

그 따사로운 마음은 신앙에 뿌리를 둔 경우도 있고, 윤리에 기초하고 있을 때도 있지만 극히 평범한 인정인 경우가 많다. 일본 중세 때 이런 가사가 있다.

사람일랑 그저
정이나마 있어라
아침에 피었다가
저녁에는 시드는
꽃 위에 맺힌
초로 같은 인생임을

이것은 우리에게는 지극히 자연스러운 감정이다. 이 부드럽고 온화한 심정과 강철 같은 실증 정신이 결부하여 의학 연구를 영위한다.

연구자 자신은 시험관이나 실험용 동물에 둘러싸여 연구에 몰두하는 것이 오로지 생물학적 또는 물리화학적 흥미에 끌려서 하는 일이라고 생각하지만, 그 마음 밑바닥에는 환자에 대한 측은한 정이 깔려 있다. 다만 그것을 스스로 의식하지 않을 뿐이다.

어쨌든 연구에만 정진하는 사람에게 연구 이외의 일이란 딱 질색이다. 필자만 하더라도 강의나 강연을 떠맡으면 마음이 무거워진다. 하물며 일반 대중을 상대로 책을 쓴다는 것은 왠지 부담스럽고, 선뜻 마음이 내키지 않아 지금까지 이런 종류의 책이라고는 써 본 적이 없다.

그런데 고단샤 과학도서 출판부의 오고세 씨로부터

"훌륭한 계몽서는 진짜 전문가가 아니면 쓰지 못합니다. 그러니까 제발 좀……"

하는 은근한 종용을 받고 나서는 이제 한번 써 볼까 하는 마음이 들었다.

스스로 생각해도 좀 안이하게 떠맡아 버린 게 아닐까 하는 마음이 들었으나 기왕에 쓰기로 한 바에야 정성과 힘을 다해 쓰기로 했다.

나카가와 화백은 무척 개성적인 글씨를 쓰시는 분인데, 서(書)에 관해서 이런 말씀을 한 적이 있다.

"잘 쓰고 못 쓰고를 생각할 건 없다. 잘 쓰든 못 쓰든 결국은 마찬가지야."

"잘 썼다고 해서 뭣이 된다는 건가."

"무심히 자기 역량껏 온갖 힘을 다하면 되는 거야."

정말 그렇다.

잘 쓰든 못 쓰든 결국은 마찬가지이다. 오직 정성과 역량을 다해 진지하게 쓸 따름이다.

진지하게 쓰기만 한다면 좋건 나쁘건 본성이 드러나게 마련이다.

꾸며댄다고 해서 허물이 완전히 가려질 수는 없는 일이다.

나가노 야스이치

차례

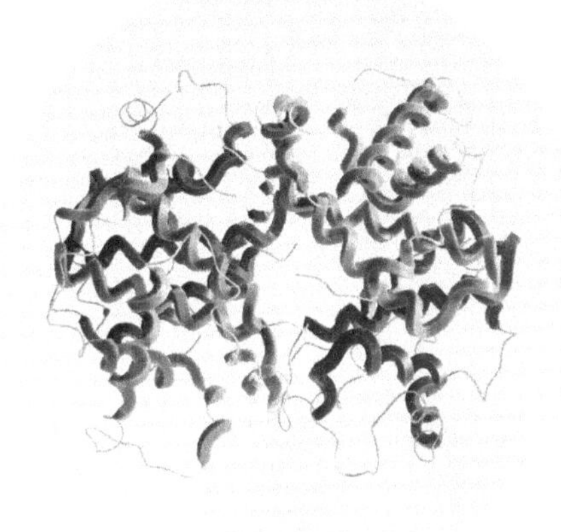

1장

생물들의 자기방위 시스템

1

생물들의 자기방위 시스템

생존 경쟁

마테를링크(Maeterlinck)는 그의 수필에서 얼핏 보기에는 조용하기 그지없는 풀숲에서도 풀과 풀끼리의 처절한 투쟁이 밤낮을 가리지 않고 이어진다고 했다.

생물이 살아남기 위해서는 다른 것에 기대거나 그것을 희생해야만 한다. 자기 일은 자기 혼자만으로 처리하고 남과는 절대 겨루지 않고 살아가겠다고 할 수는 없는 것 같다.

생물 가운데서도 가장 열등한 것이 바이러스이다. 어쩌면 바이러스라는 것은 생물의 무리에는 포함하지 않는 편이 나을지도 모른다. 바이러스는 자기 혼자의 힘으로는 자손을 번식시킬 수가 없기 때문이다.

바이러스는 다른 생물의 세포 속에 잠입한다. 이후 몰래 공작하여 그 세포로 하여금 또 다른 바이러스를 만들게 한다. 이것만이 바이러스의 번식법이다. 한편 그렇게 바이러스가 달라붙은 세포는 황폐해져 파괴된다.

바이러스라는 철저한 더부살이의 사회에서는 그들끼리의 투쟁도 끊이지 않는다. 한 세포에 두 개의 바이러스가 달라붙으면 두 바이러스 모두 자손을 만들 수는 없다. 세포 속 그 무엇인가—자손을 만드는 데 없어서는 안 되는 것—를 서로 다투어 빼앗고 진 쪽은 파멸하고 만다. 아니면 동족상잔으로 둘 다 파멸한다.

페니실린은 현재 인간이 약으로 이용하지만 이것은 본래 푸른곰팡이가 만들어 주위에 뱉어내는 물질이다. 이것은 여러 가지 세균에 작용하여 자손을 만들지 못하게 한다. 그러므로 푸른곰팡이가 생긴 곳 가까이에서는 영양분이 충분하다 하더라도 다른 세균이나 곰팡이가 생겨나지 못한다.

무기가 멸망을 불러오는 원인이 될 때

여왕벌이 결혼 상대를 고를 때는 후보자들에게 마라톤을 시킨다. 여왕이 하늘로 높이 날아오르면 후보자들은 여왕의 뒤를 쫓아 날아오른다. 여왕은 체력이 강하기 때문에 사정없이 고도를 높여간다. 그에 뒤떨어질세라 끝까지 여왕벌을 따라온 벌을 여왕은 그의 상대로 선택한다.

물고기나 조개류는 글자 그대로 '강육약식(强肉弱食)'의 세계에 살고 있으며, 야산의 새나 짐승들의 생활도 격렬한 영지(領地) 다툼으로 날이 새고 저문다.

그러나 세다고 해서 반드시 살아남는 것은 아니다. 페스트균은 쥐에 붙어 있는 벼룩의 체내에서 번식하여 쥐로 옮아가고, 쥐에서 다시 사람으로 옮아 쥐도 사람도 죽음으로 몰고 간다.

한 마을에 페스트가 유행하면 어떤 결과를 가져올까. 페스트균이 마구

그림 1 | 꿀벌의 신랑감 고르기

날뛰어 온 마을의 벼룩, 쥐, 인간의 목숨을 모조리 앗아 갔을 때, 그때가 바로 페스트균 자신이 갈 곳을 잃고 전멸하는 때이다. 자제할 줄 모르고 함부로 남을 쓰러뜨리는 것은 이윽고 자기 자신을 쓰러뜨리기 마련이다.

지나치게 강해서 몸을 망치는 것은 페스트균만이 아니다. 무엇이든 지나치게 강대해지면 그 무기가 도리어 멸망을 불러오는 원인이 된다. 매머드의 이빨이 잘 알려진 예이다.

잿빛 기러기의 수컷이 암컷에게 구혼할 때는 날개를 펼쳐 전투력이 세다는 것을 과시한다. 날개가 훌륭한 수컷일수록 즐겁게 살아갈 수 있다. 오랜 세월에 걸쳐 이런 행동을 계속하는 동안에 돌연변이와 자연도태에 의한 적자생존의 원칙대로 수컷 잿빛 기러기의 날개는 차츰차츰 커졌다. 나중에는 지나치게 커져서 재빨리 날아오를 수 없게 되고 이로 인해 쉽게 적의 먹이가 되어 버렸다.

"날개 자랑으로 세월을 보내다가는 마침내 멸망하게 될지도 모른다. 이런 경쟁을 자주적으로 규제하기 위해 회의를 열자"라는 제안에 동의하는 잿빛 기러기 수컷은 한 마리도 없다고 동물행동학자 로렌츠(Lorentz)는 탄식한다.

호모 사피엔스라는 종속(種屬)은 잘 발달한 중추신경계를 무기로 삼아 지상을 활보했는데, 최근 원자폭탄 개량 등에 몰두하는 상태를 보노라면 왠지 스스로 멸망을 서두르는 것이 아닌가 하는 의심이 든다.

한편, 약하다고 해서 반드시 멸망하는 것은 아니다. 인플루엔자 바이러스는 사람에게서 사람으로 옮아가는 힘은 강하지만, 인플루엔자라는 병은 그리 무서운 질병은 아니다. 게다가 나은 뒤에는 면역 상태가 된다. 하지만 가령 전 세계 사람들이 죄다 면역력을 갖게 된다면 인플루엔자 바이러스가 살아남을 터전이 없어지느냐 하면 그렇지는 않다.

바이러스는 사람에게서 사람으로 옮아가며 번식을 계속하기 때문에 막대한 세대수를 거듭하게 된다. 그동안에 돌연변이가 일어난다. 그리고 면역의 특이성('면역'에 관한 절에서 자세히 설명)이 다른 변종이 생긴다. 이 변종은 본래의 바이러스에 대한 대응물질의 작용은 받지 않기 때문에 지구 어디에선가 그 명맥을 유지한다. 그리고 기회를 보고 유행을 일으킨다. 본래의 바이러스에 대한 면역을 지닌 사람들도 이 변종에는 저항할 수가 없기 때문에 다시 유행이 번진다.

이런 일을 되풀이하는데도 인류가 인플루엔자로 전멸할 것 같지는 않고, 인플루엔자 바이러스도 전멸할 것 같지 않다.

야생동물은 제각기 자기 영토를 튼튼히 지키지만 강한 동물이라고 해서 영토를 무제한 넓히려 들지는 않는다. 자기 생존에 필요한 만큼의 범위를 지켜갈 뿐이다.

이웃 동물이 자기 영토 안으로 침입해 오면 싸움이 벌어진다. 싸움의 승부는 싸우는 장소에 따라서 결정된다. 싸움에 대한 투지가 싸우는 장소에 따라서 결정되기 때문이다. 자기 영토의 중심에 가까울수록 투지가 강하다고 한다.

침입자를 국경 밖으로 몰아내 버리면 그때는 이미 싸울 의욕이 없어지고 만다. 그들은 저마다의 식량을 확보하기 위해 싸울 뿐이지 동족에 대한 증오심으로 서로 죽이는 일은 없다.

우리 인간도 살아가기 위해서는 여러 가지 경쟁을 견뎌내지 않으면 안 된다. 생물의 분류표에서 맨 밑바닥에 깔려 있는 미생물의 공격도 피하지 않으면 안 된다. 현미경으로 보지 않으면 보이지도 않는 미세한 세균이 인류에게 결핵, 콜레라, 그 밖의 갖가지 질병을 일으킨다. 세균보다도 훨씬 작은 바이러스가 소아마비, 광견병, 인플루엔자 등을 일으킨다. 이들처럼 작지만 악질적인 대적과 인류와 그 밖의 고등동물은 무엇을 무기로 삼아 싸울까. 이것을 한번 생각해 보기로 하자.

면역이란 무엇인가?

세균이나 바이러스에 대한 인체의 저항을 생각할 때 우선 머리에 떠오르는 것은 면역이다.

병에는 옮는 병과 옮지 않는 병이 있다. 전염되는 병은 이것에 한 번 걸리면 같은 병에는 두 번 다시 걸리지 않는다거나 걸리더라도 가볍게 끝난다는 사실은 고대의 인류도 안다. 그러나 이 현상이 과학적으로 정리되기 시작한 것은 19세기 말 무렵부터이다.

우리의 몸을 구성하는 물질은 딱딱한 껍질 속에 갇혀 있는 것이 아니라 외계의 여러 가지 물질과 교류한다. 그러나 무질서하게 함부로 뒤섞이는 것은 아니다.

이를테면 우유를 마신다고 해보자. 우유는 입에서 위로, 위에서 장으로 통과하는 동안에 소화효소에 의해 분해되어 아미노산과 무기염류 등이 된다. 그러다 몸의 장벽(腸壁)을 통과하여 혈액의 흐름으로 들어간다. 우유는 우유 그대로, 즉 인간의 단백질과는 다른 소의 단백질의 형태로서 우리 혈액 속으로 흘러들어 가는 것이 아니다. 어느 동물에 있어서나 공통적인 단순한 단위(單位)로까지 분해된 다음에 흡수된다.

소화관은 신체 깊숙한 곳에 있지만, 음식물이 통과하는 곳 즉 소화관 속은 신체에서는 외계에 있다고 할 수 있다. 그러므로 단백질 기타의 고분자 화합물은 형태 그대로 소화관 벽의 바깥쪽, 즉 신체에서 내부에는 침입하지 않는 것이 보통이다.

그런데 고분자 화합물이 충분히 소화, 분해되지 않은 채 혈액으로 들어가 버리는 경우가 있다. 이를테면, 이상체질 때문에 음식물 중의 고분자 화합물이 고분자인 채로 장벽을 통과해 버리거나, 세균이나 바이러스가 인체 표면의 방위선을 억지로 돌파하여 체내에 침입하거나, 고분자 화합물을 함유하는 약물이나 세균 혹은 바이러스가 떠돌아다니는 물인 백신을 인위적으로 주사하는 경우이다.

이러한 이질적인 것을 받아들이면 우리 몸은 가만히 있지 않는다. 곧 그것에 대응하는 물질을 만들어 낸다. 그 이물질과 같은 물질이 언젠가 다시 체내로 들어오는 일이 있으면 대응물질은 그것과 결합한다. 이 대응물질을 면역학에서는 항체(抗體)라 하며, 생체를 자극하여 항체를 만드는 이물질을 항원(抗原)이라 한다. 체내에 항체가 존재하는 상태를 면역(免疫)이라고 한다.

알레르기와 면역

대응물질이 이물질에 결합, 즉 항체가 항원과 결합한다고 말했는데, 몸속에서 자기 자신의 물질과 외래물질이 결합하여 덩어리가 된다는 것은 큰 사건으로서, 그것이 우리 몸에서는 불리한 결과를 불러오는 경우가 있다.

즉 그것이 자극되어 체내에 유독물질이 생겨 중독 증상을 일으킨다. 천식, 두드러기, 설사, 비염 등 알레르기성 증상이라 불리는 것이다. 알레르기란 이상한(al) 반응(ergia)이라는 말이다.

한편, 이 이상반응이 유리한 결과를 가져오는 경우도 있다. 세균이나 바이러스의 침입을 받은 결과, 그것에 대한 항체가 형성되어 있는 인체에 같은 세균이나 바이러스가 다시 침입해 오면, 항체가 그 표면에 떼를 지어 달라붙어 옴짝달싹 못 하게 얽어매기 때문에 미생물은 번식에 필요한 물질과 결합을 할 수 없어 사멸한다. 덕분에 인체는 병에 걸리지 않게 된다. 이것이 면역인데, 면역이란 유행병을 모면한다는 뜻이다.

알레르기와 면역이라는 것은 인체에서의 이해관계가 정반대이지만 외래 항원과 그것에 대항하는 인체 쪽의 항체가 부딪치기 때문에 일어나는 비정상적인 사건이라는 점에서는 마찬가지이다.

그러므로 이치적으로 따지면 이 비정상적인 반응을 통틀어 알레르기(이상반응)라고 불러야 하고, 이 비정상적인 반응을 다시 둘로 나누어 천식의 질병을 일으키는 경우를 과민증이라 부르고, 또 하나는 결핵이나 홍역의 질병을 막거나 고치는 경우로 면역이라고 하는 것이 좋을 것 같다. 하지만 곤란하게도 일반적으로 사용되는 말은 반대다. 즉 항원과 항체와의 결합에 의한 비정상적인 반응을 통틀어 넓은 뜻에서의 면역이라 하고, 그것을 두 가지로 나누어, 결과적으로 질병이 되는 경우를 알레르기라 부르고, 질병을 예방하는 경우를 좁은 뜻에서의 면역이라 부른다.

천식 등의 기타 질병을 일으키는 난처한 사건을 표현하는 데 악질 유행병에서 벗어난다는 뜻의 면역이라는 말을 쓴다는 것은 아무래도 어색하게 생각되지만 당장은 일반적으로 쓰는 용어의 예를 따를 수밖에 없다.

특이성이라는 것

이른바 넓은 뜻에서의 면역에는 인체의 저항력이 약해지는 경우와 강해지는 경우가 있다고 말해도 괜찮은데, 어느 경우에도 저항력이 전반적으로 약해지거나 강해지거나 하는 것이 아니라 저항력을 변화시킨 이 물질에 대해서만 저항력이 변화하는 것이다.

이를테면, 홍역에 걸린 사람은 홍역에 대한 저항력은 강해지지만 다른 병에 대해서는 별로 강해지지도 약해지지도 않는다. 콜레라의 백신, 즉 콜레라균을 해가 없는 상태로 만든 것을 주사하면 콜레라균에 대한 항체가 생겨 콜레라를 예방할 수는 있어도 다른 질병은 예방할 수 없다.

이처럼 원인과 결과, 항원과 그것에 대한 항체와의 사이에서 볼 수 있는 엄밀한 한정 관계, 1대 1의 관계를 면역학의 전문용어로는 특이성(特異性)이라 하고, 이 특이성이야말로 면역이라는 현상의 첫 번째 특징이다.

내가 쓰는 로커의 열쇠 구멍에는 내 열쇠가 아니면 맞지 않는다. 트립신과 같은 단백질 분해효소는 단백질과는 결합하지만 당분이나 지방과는 결합하지 않는다.

콜레라균이 주사된 동물의 체내에서 만들어진 항체는 콜레라균하고만 결합한다. 이처럼 엄밀한 특이성을 지닌 항체가 생체 내에서 만들어질 때의 경위는 상당히 복잡한데 중간의 여러 가지 사정은 생략하고, 최초의 자극이 되는 항원과 최종적으로 만들어진 항체가 어쩔 수 없는 대응 관계에 있다는 것을 좀 거칠게 표현하면 〈그림 2〉와 같다.

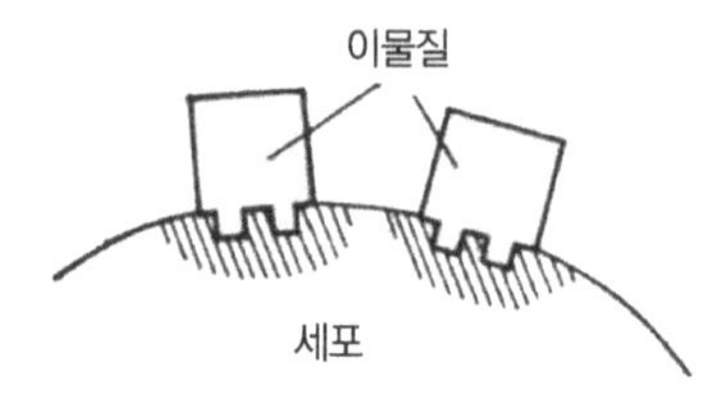

인체 내에 이물질이 들어와서 세포와 접촉한다.

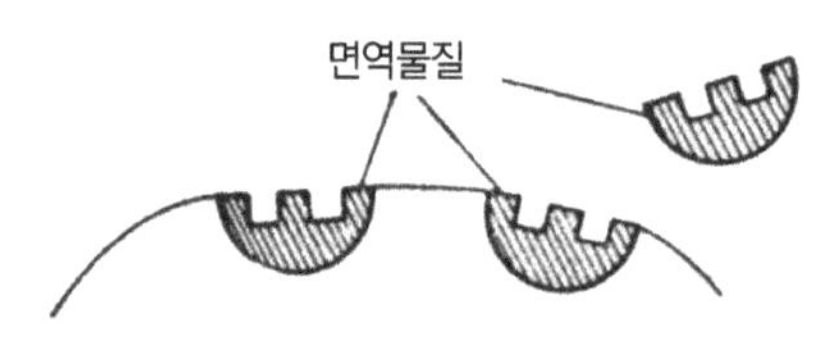

이물질의 자극으로 세포는 면역물질을 만든다.
그것은 이윽고 세포에서 떨어져 나간다.

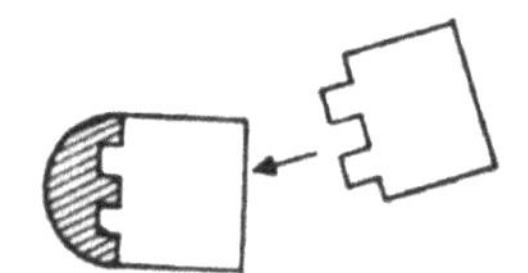

거기에 먼저와 같은 이물질이 들어오면, 면역물질이 그것을 포획한다. 이물질이 독물이라면 그것을 해가 없는 것으로 만든다.

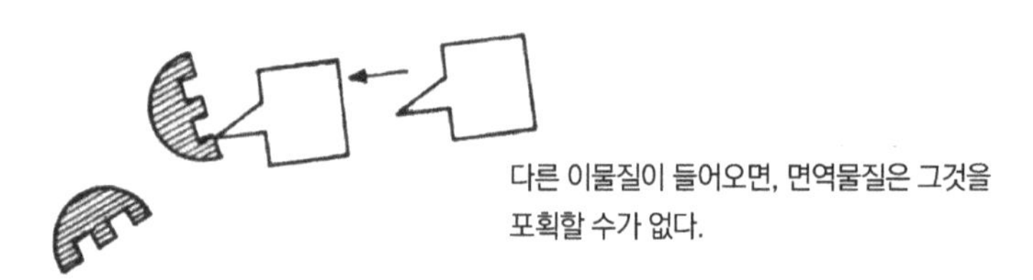

다른 이물질이 들어오면, 면역물질은 그것을 포획할 수가 없다.

그림 2 | 면역의 특이성

신체를 단련해서 감기에 걸리지 않은 것을 면역이라고 하지 않는다. 이것은 단지 저항력이 강해졌다고 해야 할 것이다. 비특이적(非特異的) 면역이라는 말이 면역 전문가의 입에서 나오는 일도 있지만 이만큼 우스운 말도 드물다. 곧지 않은 직선이니, 붉지 않은 붉은 색깔이니 하는 것처럼 불합리하다.

면역의 유효범위는?

좁은 뜻에서의 면역은 우리에게 있어서는 미생물과 싸우기 위한 무기 중 하나인 것만은 확실하다. 면역은 구체적으로 어떤 작용을 하는지 소아마비와 같은 바이러스성 병의 경우를 예를 들어 설명하겠다.

바이러스가 인간의 몸속에 침입하여 세포의 내부에서 번식한다(3장 '바이러스의 번식' 참조). 그 때문에 세포가 손상되어 여러 가지 병증이 나타나는데 때로는 생명과도 관계된다. 바이러스는 한 개의 세포 속에서 번식한 다음, 세포 바깥으로 나와 이웃 세포에 달라붙고 거기서 다시 번식한다. 바이러스는 이렇게 자꾸 번식해 나가려 한다.

그러나 인간에게 바이러스는 이물질이기 때문에 인체 안에서는 바이러스에 대한 항체가 형성된다. 바이러스가 한 세포로부터 나와서 이웃 세포로 향하려 할 때 항체에 포획되어 이웃 세포에 달라붙지 못한다. 바이러스는 번식을 방해받으면 이윽고 자멸하고 만다. 그래서 병이 낫게 된다.

다만 충분한 양의 항체가 만들어지기까지 며칠 걸리기 때문에 그전에 인체가 치명적인 타격을 입을 수도 있다. 이를테면 광견병 바이러스는 인체에 침입하면 곧장 뇌나 척수로 쳐들어가서 번식하고, 항체가 충분히 만들어질 무렵에는 이미 돌이킬 수 없는 상처를 입혀 놓는다. 광견병이라는 병은 일단 감염되면 반드시 목숨을 잃는다.

광견병과 달리 면역으로 인해 낫는 바이러스병도 많다. 나은 다음에는 면역상태가 오랫동안 지속된다. 그러나 어느 바이러스병이든 그 병에 걸리지 않는 상태가 되기 위해서는 그 바이러스병에 한 번은 걸리지 않으면 안 된다.

인간은 바이러스병에 한 번 걸리는 대신, 백신을 주사하는 방법을 착상했다. 백신이라는 것은 바이러스를 여러 가지 방법으로 처치함으로써 번식하지 못하고 항원으로서의 작용, 즉 인체를 자극하여 항체를 만드는 성질만은 잃지 않는 상태로 만든 것이다.

백신주사를 맞은 인체는 항체를 만든다. 그런 뒤에 만약 백신에 포함되어 있은 것과 같은 미생물이 침입해 오면 항체는 이것을 제압한다. 그러므로 백신은 미생물 병의 장기적인 예방에 도움이 된다.

그래서 백신주사를 가리켜 예방접종이라 한다.

감염증에 걸렸을 경우에는 미리 준비해 두었던 항체를 주사한다. 즉 감염증에 걸렸다가 나은 사람, 백신주사를 맞은 사람, 혹은 바이러스, 세균, 세균독소를 주사한 동물의 혈액을 채취하여 혈구를 제거한 혈청 등이다. 이것을 '면역혈청'이라고 한다. 이것은 항체를 포함한다.

면역혈청은 바이러스병의 극히 초기에 주사하면 잘 듣지만 때가 늦어지면 별로 효과가 없다. 일반적으로 세균에 의한 질병에는 그리 잘 듣지 않는다. 다만 디프테리아 파상풍의 세균이 내는 독소가 인체를 해치는 질병에는 독소에 대한 항체를 함유하는 면역혈청이 잘 듣는다.

항체를 함유한 면역혈청을 주사하는 방법을 혈청요법이라 하며, 이것은 발병 후 긴급치료에 도움이 된다. 다만 효과가 길게 지속되지는 않는다.

박멸된 천연두

인류는 천연두라는 무서운 전염병을 지구상에서 완전히 없애는 데 성공했다. 그것은 백신을 무기로 하여 오랜 세월에 걸친 투쟁의 결과로 거둔 성공이었다.

천연두는 마마라 일컬으며 고대부터 세계 각지에 만연했던 전염병으로, 크게 유행했을 때의 참혹한 기록이 수많이 남아 있다. 유럽에서는 한 나라 인구의 4분의 1이 천연두로 줄어든 일까지 있었다고 한다.

천연두에 걸렸다가 다행히 목숨을 부지한 사람은 두 번 다시 천연두에 걸리지 않는다는 것은 예로부터 알려져 있었으므로, 가볍게 걸리는 것이 낫겠다 싶어 천연두 환자의 피부 환부(부스럼딱지)를 얼마 동안 말려 두었다가 그것을 짓이겨 건강한 사람의 피부에 문질러 바르기도 했다. 그 결과로 천연두를 가볍게 앓고 지나갔으면 좋으련만 도리어 무거운 천연두에 걸려

그림 3 | 천연두는 지구상에서 말살됐다

목숨을 잃는 경우도 있었다.

에드워드 제너(Edward Jenner)는 의술을 수련하던 시절에 진찰을 받으러 온 우유를 짜는 농부가 “나는 소의 마마에 전염되어 종기가 난 적이 있으므로 천연두에는 걸릴 턱이 없다”라고 하는 말을 듣고 실제로 그런 일이 있을 수 있는가를 확인하고 싶었다.

제너는 동물의 생태를 조용히 관찰하기를 좋아했다. 뻐꾸기가 다른 새의 둥지에 알을 낳는다는 사실을 처음으로 보고한 것도 제너였다. 우두의 문제에 대해서도 면밀히 실험하고 관찰했다. 그리고 다음과 같은 일을 확인했다.

(1) 우두의 재료를 인체에 접종하면 작은 종기가 생기지만 결코 전신적

인 질병은 생기지 않는다.

(2) 천연두에 걸린 적이 있는 사람에게는 우두를 접종해도 종기가 생기지 않는다.

(3) 한 번 우두에 의한 종기가 생겼던 일이 있는 사람에게는 다시 우두를 접종해도 종기가 생기지 않는다.

(4) 우두를 접종한 사람에게 나중에 다시 천연두를 접종해 보면 종기도 전신적인 질병도 일어나지 않는다.

이만한 일을 면밀하게 확인하는 데 약 30년이 걸렸다.

이렇게 우두를 인체에 접종하면 천연두에 걸리지 않게 된다는 것을 알았으므로, 짤막한 논문으로 정리하여 학회에 제출했다. 그러나 받아주지 않았다. 그래서 하는 수 없이 자신의 돈으로 출판했다. 1798년의 일이었다. 이것은 예방접종에 관한 최초의 과학적 논문이다.

백신이란 라틴어의 '소(Vacca)'에서 유래한 말이다.

독일의 코호(Koch), 프랑스의 파스퇴르(Pasteur), 일본의 기다사토에 의해 미생물학과 면역학이 학문으로 출발하게 된 것은 19세기 말의 일이다. 그보다 100년이나 전에 제너는 한 미생물 병에 대한 예방법을 확립했던 셈이다.

지금에 와서 본다면 천연두의 바이러스와 우두의 바이러스는 항원으로서의 특이성에 있어서 커다란 공통점을 가지므로, 한쪽 편의 바이러스에 대한 면역이 다른 쪽의 바이러스에도 적용한다는 것을 알 수 있지만, 그 당시에는 그런 일은 아무도 생각지 못했다. 애당초 천연두나 우두의 원인이 바이러스라는 것을 아무도 몰랐다. 제너 본인에게도 후세의 이른바 면역학이나 바이러스학에 대한 지식이 있을 턱이 없었다. 그는 그저 허심탄회하고 성실하게 사실을 관찰했다.

그의 논문의 첫머리에는 로마의 시인이며 철학자인 루크레티우스(Lucretius)의 "진위를 판별하는 데 있어서 우리의 감각보다 더 정확한 것이 있을쏘냐"라는 말이 인용되어 있다. 눈에 보이고 손에 닿는 것만을 진실로 받아들이는 전통파 에피큐리언(Epicurean)에게 제너는 공명하던 것일까.

어쨌든 이 파격적인 새로운 사실은 학계에서도 일반인에게도 좀처럼 받아들여지지 않았다. 사람의 몸에 소의 종기 진물을 문지른다면 소가 되어 버릴지도 모른다고 하여, 머리에 뿔이 돋은 만화가 신문에까지 실렸다고 한다. 그러나 이것을 받아들이는 사람들도 많아서 천연두 예방법은 금방 유럽 각국으로 번져나갔다.

이윽고 제너는 인류의 은인으로서 전 세계의 존경을 한몸에 받았지만, 그 자신은 런던에 창립된 종두소(種痘所)의 소장직까지 사양하고 평생을 시골의 의사로 살았다.

제너의 백신이 보급됨에 따라, 여러 선진국에서는 천연두에 의한 큰 피해가 자취를 감추었으나 아시아, 특히 인도 대륙, 남아메리카, 아프리카 등에서는 늘 어디선가 천연두가 유행했다.

1959년 세계보건기구(World Health Organization, WHO)는 천연두 박멸 사업에 착수했다. 비위생, 무지, 빈곤이 판을 치는 가운데서 환자를 발견하고 수용하여 치료하고, 꺼리는 인근 주민을 달래가며 종두를 하는 어려운 작업이 끈질기게 계속되었다. WHO의 천연두 박멸 본부장이던 아리다 씨는 오랫동안 아시아 현지에서 갖은 고생과 싸워온 사람이다.

20년에 이르는 WHO의 끈질긴 인내와 노력이 결실을 맺어 1979년 WHO는 전 세계에서 천연두가 근절되었다는 사실을 선언했다. 제너가 종두법에 관한 논문을 자기 돈으로 출판한지 180년이 지났다.

인류의 예지와 선의의 승리를 축하하기 위해 세계적인 성대한 축제를 벌이면 어떨까 하고 필자는 진지하게 생각했다.

면역이 없는 동물들

1800년대 말, 전염병을 일으키는 세균과 바이러스가 연달아 발견되고 면역 연구가 갑자기 활발해져서 면역이라고 하는 독립적인 학문 분야가 새로 탄생했다. 그리고 생물현상으로서의 면역의 기초적 해석과 더불어 면역현상을 이용하여 전염병을 예방하거나 치료하는 방법이 잇달아 개발되어 실제로 커다란 성과를 올렸다.

이와 같은 학리(學理)와 실리(實利)의 양면에 걸쳐 꽃핀 면역학이라는 새로운 학문을 사람들은 눈을 크게 뜨고 지켜보았다.

반면, 면역에 지나치게 큰 기대를 걸었던 경향도 있었고 또 허술하게 보아 넘긴 점도 없지 않았던 것 같다. 이를테면 면역이라는 기구를 갖춘 동물의 종류가 극히 적다는 사실에 대해서는 그다지 주목하지 않았다.

동물의 체내에서 항체가 만들어지기 위해서는 림프구가 필요하므로 림프구가 없는 동물에게는 면역이 없다. 척추동물 중 극히 열등한 것, 즉 먹장어 이하의 것과 무척추동물은 모두 림프구가 없으므로 면역이라는 현상도 일어나지 않는다. 대충 말하면 면역은 척추동물에게는 있으나 무척추동물에게는 없다.

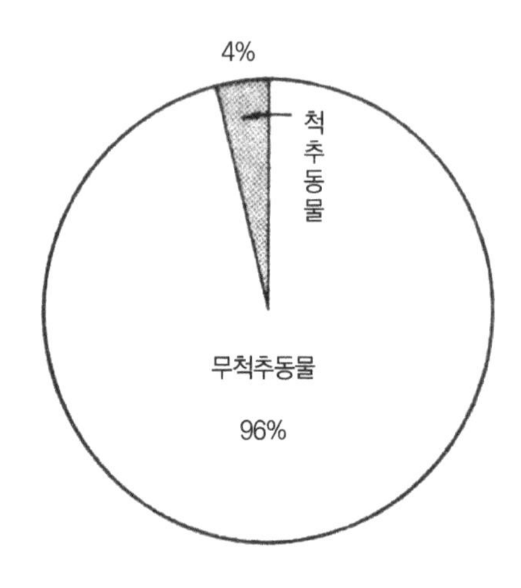

그림 4 | 척추동물의 비율은?

모든 동물의 종을 따지자면 100만 이상의 종이 있는데, 척추동물에 속하는 종(Species)의 수는 4만에 좀 못 미치므로, 면역기구를 가진 동물의 수는 동물종 전체의 4% 이하가 된다(그림 4).

바꿔 말하면 동물의 96% 이상은 면역기구를 갖지 않고 세균이나 바이러스로부터 자신을 보호하는 셈이다.

지구라는 천체가 형성된 것은 약 45억 년 전이라고 말하는데, 지구가 생기고 나서 10억 년쯤 지났을 무렵에 생물 비슷한 것이 나타났다. 그리고 그것이 점점 진화하여 여러 가지 다양한 식물과 동물이 되었다.

동물의 몸 중심에 등뼈라는 지주(支柱)구조가 생긴 것은 지금으로부터 불과 4억 년 전이며(그림 5), 림프구라는 세포가 나타난 것은 그 후의 일이다.

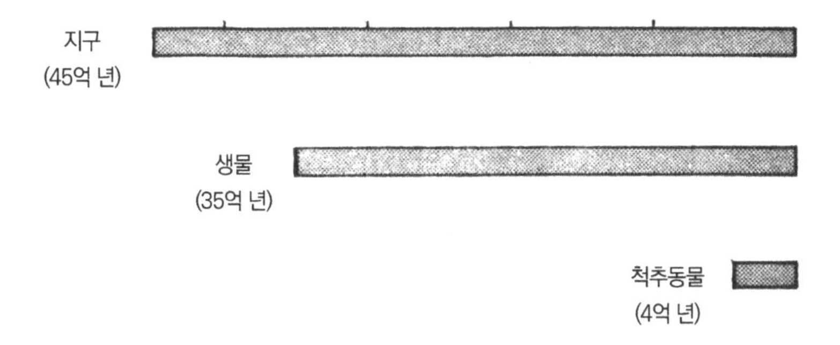

그림 5 | 척추동물의 탄생

그러므로 동물이 면역이라는 정교한 메커니즘을 가지게 된 것은 생물의 긴 역사에서 본다면 극히 최근의 일이고 그때까지의 기나긴 세월 동안 동물은 면역이라는 무기 없이 미생물의 침략을 방어하며 연명해 왔다. 그들은 도대체 어떻게 자기방어를 해 왔을까. 그리고 현재 무척추동물은 어떻게 자신을 지킬까.

포식이란 무엇일까?

동물의 세포 가운데는 이물질을 섭취하는 능력을 가진 것이 있다. 동물은 지구상에 나타났을 때부터 이런 작용을 가졌을 것이다. 현재도 가장 고등한 포유동물에서부터 가장 열등한 단세포동물에 이르기까지 모두 포식

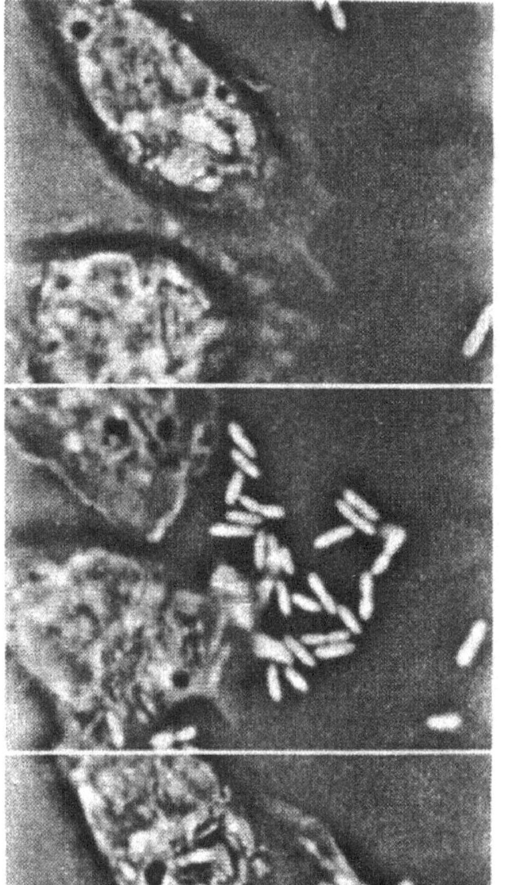

(a) 래트의 복강 매크로파지를 끌어내서 대장균을 투여한다(살아 있는 채로 위상차현미경 아래서 촬영)

(b) 대장균의 섭취가 시작된다

(c) 대장균의 소화

그림 6 | 포식세포(요네 프로덕션)

력(捕食力)을 지닌다. 고등동물의 체내에 흩어져 있는 포식세포나 단세포동물은 세균이나 바이러스를 세포 안으로 섭취하여 이것을 소화해 버리기 때문에 포식(捕食)이라는 것은 방위에도 도움이 된다(그림 6).

메치니코프(Mechnikoff)와 같은 동물학자들은 면역이라는 것은 이 포식력이 한층 더 강해진 상태라고 생각했을 정도이다.

아메바는 단 한 개의 세포로서 자주독립의 생활을 영위하므로 포식세포가 수십 개, 수백 개로 뭉쳐지면 하나의 개체로서 훌륭하게 살아갈 수 있을 것처럼 생각되지만 그와 같은 동물은 지구상에 없다.

동물의 분류에서 가장 하위에 있는 것은 단 한 개의 세포로 이루어지는 원생동물(原生動物)인데, 그것의 바로 윗자리에 있는 해파리류는 세포의 잡동사니로 된 덩어리가 아니다. 해파리류는 저마다 다른 작용을 하는 세포가 상당히 정연하게 배열되어 하나의 개체를 형성한다.

단세포동물로부터 배엽(胚葉) 체제의 다세포동물로까지 진화하는 데는 오랜 세월을 소비하며 많은 단계를 거쳐 왔을 것이다. 그 진화 도중에 어떤 체제의 동물이 있었는가를 연구한 사람이 있다.

수십억 년 전의 동물의 일을 조사하는 데는 간접적인 방법에 의지할 수밖에 없다. 개체발생은 계통발생을 재현한다고 말한다. 고등동물의 개체가 태어나는 데는 먼저 난세포(卵細胞)와 정세포(精細胞)가 합체한다. 그 세포가 분열을 반복하여 세포의 수가 증식하는 한편, 갖가지로 형태가 다른 세포가 생기고 그것들이 모여서 다양한 조직과 기관이 형성된다.

이때, 이를테면 인간의 태아는 처음부터 인간의 형태를 하는 것이 아니

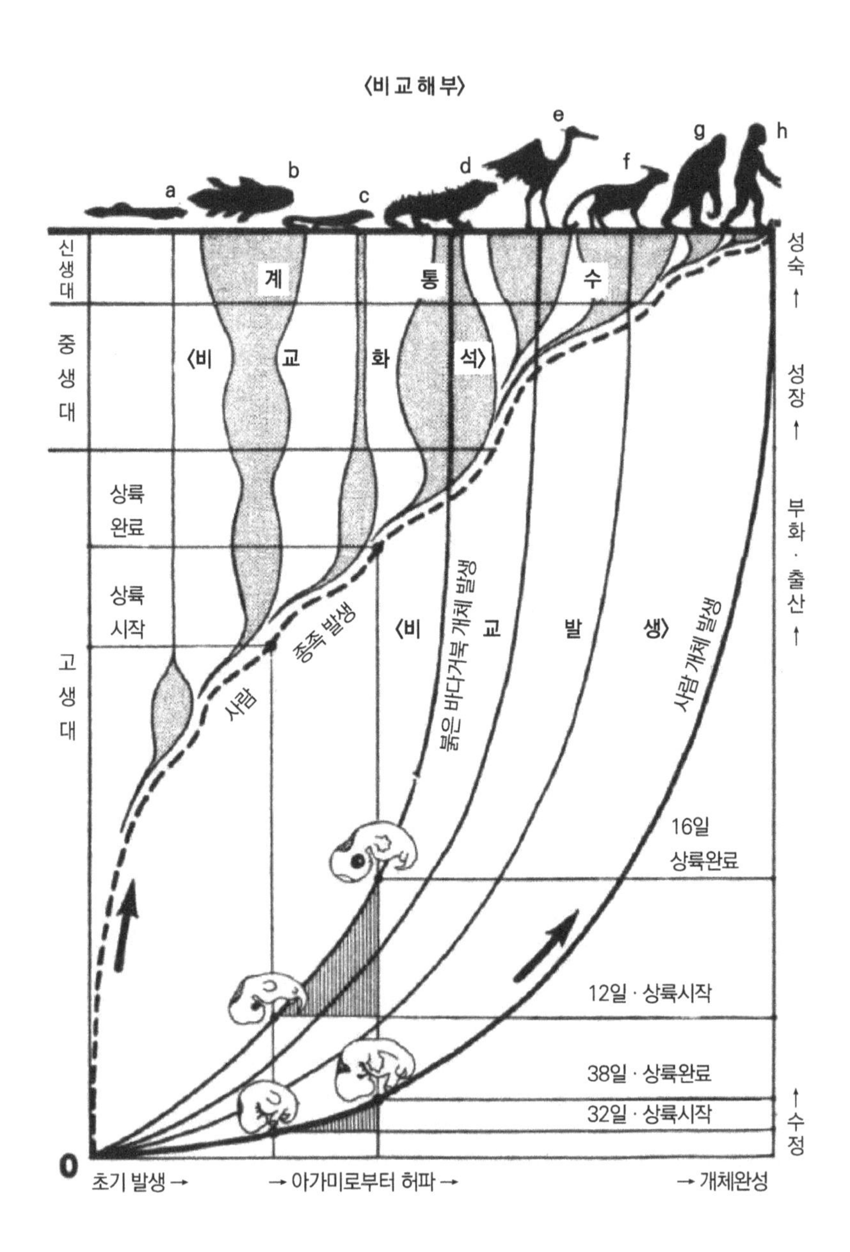

그림 7 | 사람을 예로 들어, 종족발생과 개체발생 관계를 비교해부, 비교화석, 비교발생의 세 가지 측면에서 살펴본다

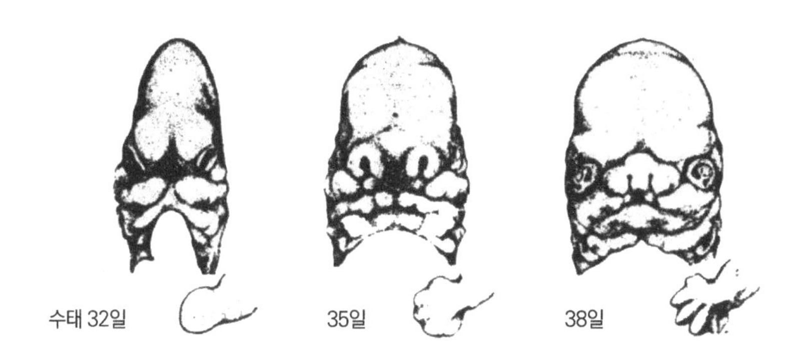

그림 8 | 상륙을 재현하는 사람 태아의 얼굴과 손

다. 성장하는 도중에 태아는 여러 가지 형태를 취한다. 그때 태아는 조상인 동물의 진화과정을 복습이나 하듯이 어느 때는 어류와 같은 모양이 되고 어느 때는 조류와 같은 형태를 취한다(〈그림 7〉, 〈그림 8〉).

단세포동물로부터 다세포동물로 진화했을 무렵의 동물에 가까운 모습을 보려면, 열등한 다세포동물의 태아, 그것도 발생 초기의 것을 관찰하는 것이 좋을 것이다.

이 힘든 연구를 감히 시도해 보았던 메치니코프의 성적에 따르면 동물의 체표나 체강(體腔) 내면에 배열해 있는 납작한 세포, 즉 상피세포를 닮은 세포의 한 무리와 아메바와 같은 포식세포의 한 무리만으로 이루어졌던 동물이 있는 것 같다. 그리고 아마 그전에 아메바와 같은 세포만으로 성립되었던 동물이 있었을 것이라고 한다.

그런데 현재는 그와 같은 체제의 동물은 지구에는 살지 않는다. 이는 포식세포만이 한 덩어리가 되어 하나의 개체를 이루어 살아갈 수는 없었다는 것이 아닐까. 포식이라는 작용은 동물의 생존에서는 두드러지게 중요한 것이 아닌 것은 아닐까. 이것은 다만 필자의 엉성한 공상에 불과하다.

〈그림 7〉은 사람의 신체가 형성되는 두 과정을 서로 비교한 것이다. 하나는 척추동물(a~h)의 가장 우익에 위치하는 이 종족이 원초의 단세포생물 0으로부터 30억 년의 세월을 거쳐 형성되는 과정이고, 여기서는 계통수의 뿌리에서부터 오른편 위쪽을 향하는 점선으로 표시된다(사람 종족 발생). 다른 하나는 이 몸이 모태에 착상한 1개의 수정란 0으로부터 십수 년 동안에 성인이 되기까지의 과정이며, 여기서는 두 점을 잇는 실선의 커브로 표시된다(사람 개체 발생).

전자의 점선은 이 과정이 어디까지나 유추된 기복을 뜻하는 것이다. 이것에 대해 후자는 연속적인 관찰이 가능하므로 실선으로써 표시되는데, 이 곡선에서도 당연히 파동의 기복을 볼 수 있어야 한다. 또 이 파동이 '분화와 증식'의 교체를 뜻하는 것임은 말할 나위도 없다.

여기서 두 발생 과정을 비교하면, 고생대 말의 1억 년이 걸린 '상륙'의 드라마가 사람의 태아에서는 수태 1개월 후의 불과 1주일 동안에 순간적인 '모습'으로서 재현되는 상태를 엿볼 수 있다.

〈그림 8〉은 그것의 모양이다. 여기서는 상어의 아가미와 지느러미를 떠올리게 하는 형상이 순간적으로 포유류의 귓불과 손가락으로 바뀌어 간다.

이 재현의 시기와 속도를 계통적으로 비교하면, 그것은 열등동물일수록 느리게 나타나고, 더구나 완만하게 지난다는 것을 알 수 있다. 이 관계는 발생 곡선의 첫 수평부가 왼편으로 갈수록 급상승하고, 종족 발생의 과정에 접근하는 형태로서 표시된다. 또 이 재현 속도는 그것에 소요되는 날짜 수가 아니고, 그것과 성의 성숙까지의 햇수와의 비로써 표시된다. 그러므로 오른쪽의 종축에 붙여진 개체발생의 눈금이 새겨진 방법과 날짜는 당연히 종마다 달라진다(〈그림 7〉, 〈그림 8〉은 三木成夫 씨에 의함)

꿈같은 얘기는 그만두고 실험결과를 소개하겠다.

19세기 말, 포식이라는 것이 갑자기 시선을 끌었던 적이 있다. 그 무렵의 기록에 따르면 불가사리의 애벌레의 피하에 장미 가시를 찔러 보았더니 가시는 금방 포식세포에 포위되었다고 한다.

또 민물에서 태어난 물벼룩은 모노스포라 라는 곰팡이에 감염되는 수가 있다. 즉 곰팡이의 포자가 먹이와 함께 소화관으로 들어가 벽을 꿰뚫고 체강 안으로 침입한다. 그러면 포식세포가 거기로 모여든다. '물벼룩이 죽느냐 사느냐는 이 전투의 결과 여하에 달려 있다'라고 적혀 있다.

그러나 20세기에 들어와서 곤충으로 실시한 본격적인 실험에서는 상태가 다르다.

곤충에 여러 종류의 세균을 주사하면 곤충과 세균의 조합에 따라서 곤충이 병에 걸려 죽는 경우와 아무렇지도 않게 살아 있는 경우가 있다. 세균 쪽은 곤충의 체내에서 활발하게 번식하는 경우와 번식하지 않고 자멸하는 경우가 있다.

균의 종류	식균	균의 파괴	균의 증식	숙주
폐렴균	+	+	−	건재
황색포도상구균	+	+	−	건재
파상풍균	+	+	−	건재
결핵균	+	−	−	건재
고초(枯草)균	+	−	+	급사
프루테우스균	+	−	+	급사
디프테리아균	+	−	+	급사
콜레라균	−	+	−	건재
페스트균	−	+	−	건재
티프스균	−	+	−	건재
적리(赤痢)균	−	+	−	건재

표 1 | 꿀벌 나방 애벌레의 항균 기구(Cameron, 1934에 의함)

각각의 경우에 곤충의 체내에 있는 포식세포가 어떻게 작용하는가를 조사한 결과(표 1)를 보면, 곤충이 세균의 침범을 막았는지 아닌지와 포식 작업이 영위되었는지 아닌지는 반드시 평행하지 않다는 것을 알 수 있다. 즉 미생물에 대한 곤충의 저항은 면역과는 관계가 없고 또 포식작용만으로는 설명이 되지 않는다.

바이러스끼리의 간섭

동물이나 식물의 한 개체에 동시 또는 전후해서 몇 개의 바이러스가 달라붙거나 달라붙으려 했을 때는 그 바이러스들이 모두 무사히 번식하는 수도 있지만, 대개 어느 것은 번식하지 못하고 사멸한다. 아니면 서로가 피해를 보고 모두 멸망해 버린다.

이런 경우에는 면역이 관계된 경우가 많다. 즉 항체가 비교적 빨리 만들어질 때 그것이 작용하여 바이러스의 번식을 억제한다. 그러나 면역과는 상관없이 서로 방해하는 때도 있다. 식물에 기생하는 바이러스의 경우가 그렇다. 그것은 식물에는 고등동물에서의 면역과 같은 뜻으로서의 면역이라는 것이 없기 때문이다. 한편 고등동물에 있어서도 면역으로는 설명할 수 없는 길항(拮抗)현상이 일어나는 일이 있다.

바이러스끼리 서로 번식을 방해하는 현상 중에서 면역이 개입되지 않는 경우를 전문용어로 간섭(干涉)이라 한다.

이렇게 정의(定義)하는 방법은 소극적이고 막연한 것이기는 하지만, 이 현상이 구체적으로 어떤 경위로 일어나는지를 알지 못하는 현재로서는 이처럼 정의해 두는 것이 옳다.

또 한 가지 주의하지 않으면 안 될 것은 면역이 관여할 수 있는 조건 아래서나 현재 면역이 작동하는 경우라도 그 면역현상과 더불어 면역과는 별개의 사건, 이를테면 간섭이 일어날지도 모른다는 것이다.

간섭이란 바이러스끼리 제멋대로 싸우는 일로 동식물 쪽에서 싸움을 거는 것이 아니다. 그러나 결과로 보면 숙주(宿主) 생물의 안전과 관계되는 일이다. 또 간섭은 인터페론(interferon)의 작용을 논할 때도 주목해야 하므로 미리 여기서 설명해 두겠다.

간섭현상의 발견

나중에 와서야 간섭현상을 말하는 것이었다고 판단되는 사실을 단편적으로 기록한 오래된 문서로는 제너의 포진(疱疹, 입술에 물집이 생기는 바이러스병) 환자에게 종두가 잘 접종되지 않는다는 기록이 있고(1804), 그 후에도 몇몇 보고가 있었다. 그러나 정확한 관찰이 처음으로 보고된 것은 1929년 식물 바이러스에 대한 것이었다.

담배 잎사귀에 반점이 생기는 모자이크병(Mosaic Disease)이라는 바이러스병이 있는데, 그 바이러스의 어느 한 가지 계통이 번식하는 담배에서는 모자이크 바이러스 이외의 계통의 것은 번식하지 못한다고 한다. 식물에는 고등동물에게서 볼 수 있는 것과 같은 면역현상은 일어나지 않으므로 이 경우 면역이란 별개의 사건이라는 것이 분명하다.

다만, 식물 바이러스의 간섭은 면역 면에서 관계가 가까운 것, 즉 특이성이 다소나마 공통적인 바이러스 사이에서만 일어난다. 면역기구를 갖추지 못한 식물의 이야기에 면역에 관한 이야기를 끄집어낸다는 것은 이상한 느낌이 들지도 모르나 식물에 기생하는 바이러스도 단백질, 즉 항원으로서 작용하는 물질을 함유하므로 이것을 동물에게 주사하면 동물의 체내에 항체가 형성된다. 그것을 바이러스에 작용하면 바이러스는 식물에 병을 일으키지 않게 된다. 이것을 이용하여 식물 바이러스의 특이성을 조사할 수 있다.

동물의 체내에 항체를 만드는 것은 식물 바이러스의 단백 부분이며, 식물체에 달라붙을 때 작용하는 것도 단백 부분이라는 것을 생각한다면, 면역이라는 면에서 관계가 가까운 것끼리 식물세포에 달라붙는 단계에서 경쟁할 것이라는 점은 이해가 된다.

동물에 기생하는 바이러스 사이에도 간섭이 일어난다는 것은 면역에 관한 연구 도중에 발견되었다.

헤르페스 바이러스(Herpes Virus)에 대한 면역을 연구하던 이탈리아의 마그라시(Magrassi)라는 사람이 다음과 같은 사실에 부딪혔다.

헤르페스 바이러스를 토끼의 뇌에 주사하면 5일 후에 뇌염을 일으킨다. 바이러스를 피부에 주사하면 8일 후에 뇌염을 일으킨다. 그런데 바이러스를 먼저 피부에 주사하고 7일 후(그대로 두면 이튿날에는 뇌염이 시작될 시기)에 바이러스를 뇌에 주사했더니 뇌염이 일어나지 않았다.

즉 각각 단독으로는 뇌염을 일으킬 두 번의 주사를 어느 일정한 간격을 두고 놓았더니 주사는 양쪽 다 불발로 끝났다고 한다.

바이러스는 시기와 장소를 달리하여 두 번, 토끼의 체내로 넣어 보내졌다. 이 바이러스의 자극에 의해 항체가 언제, 어디서, 어느 정도의 양이 만들어지고 그것이 어디서 어떻게 작용했다는 것을 마그라시는 철저하게 조사했다. 생각이 미치는 한에서의 모든 가능성에 대해 아주 면밀한 실험을 거듭했다.

그 결과 이 현상은 항체로서는 설명할 수 없는, 즉 면역과는 별개의 사건이라는 결론에 도달했다(1935). 그래서 이 현상은 일반적으로 '마그라시 현상'이라 불린다.

그는 이 현상을 간섭이라고는 이름 붙이지 않았다. 그러나 아까 말한 간섭의 정의, 즉 바이러스끼리의 길항현상 중 면역에 의하지 않는 것을 일괄하여 간섭이라 부른다는 정의에 따르면, 비면역적 길항이라고 결론한 것은 간섭이라고 결론한 것과 마찬가지이다. 따라서 동물 바이러스에도 간섭 현상이 있다는 것을 발견한 것은 마그라시이다 라고 말할 수 있다.

그런데 호스킨스(Hoskins)가 발견자라고 쓰인 책이 많다. 이 사람은 황열(黃熱) 바이러스 중 간염을 일으키기 쉬운 계통의 바이러스를 원숭이에게 주사하고, 이튿날 같은 황열 바이러스이면서도 뇌염을 일으키기 쉬운 계통의 바이러스를 주사하면 원숭이는 간염에도 뇌염에도 걸리지 않게 된다고 보고했다(1935). 이 경우 황열 바이러스끼리의 길항이므로 면역이 관계될 가능성이 클 터인데도 그 점에 대해서는 자세히 조사하지 않았다.

그 후(1937) 핀드레이(Findley)는 면역상의 특이성을 달리하는 것으로 생각되는 두 가지 바이러스 사이의 상호 방해를 보고했다.

동물 바이러스의 간섭을 발견한 것은 핀드레이라고 주장하는 사람도 있다. 그런 말을 하는 사람들은 마그라시의 실험조건 아래서는 면역이 관계하고 있을지도 모른다는 의심이 있다고 한다. 사실 그렇다. 마그라시는 면역을 연구하던 것이다. 그렇기 때문에 그는 그 면역이 어떻게 관계되는가를 꼼꼼하게 조사했다. 그 결과 면역은 관계가 없다는 것을 실증했다.

마그라시의 공적을 인정하려 들지 않는 사람들은 그가 이탈리아어로

쓴 세 편의 기다란 논문을 꼼꼼하게 읽어보기를 게을리한 것이 아닐까.

거듭 말하지만 동물 바이러스의 간섭을 발견한 사람은 프라비아노 마그라시(Flaviano Magrassi)이다.

바이러스 간섭은 어떻게 일어나는가?

명확한 결론이 나와 있지 않기 때문에 지금까지 알려진 것을 나열하여 적을 수밖에 없다. 간섭하는 쪽의 바이러스와 간섭을 받는 쪽의 바이러스, 거기에다 간섭의 장소가 될 동식물, 이런 것들의 조합이 달라짐에 따라 사건도 달라지기 때문에 일이 복잡해진다.

간섭하는 쪽의 바이러스든, 간섭을 받는 쪽의 바이러스든 간에 각각 숙주세포에 달라붙은 다음에 번식을 위한 행동을 하려 한다. 어느 행동과 어느 행동이 길항하는 것일까.

어느 한 식물 바이러스가 식물세포에 달라붙으면 그 바이러스의 단백질과 비슷한 단백질을 가진 다른 바이러스는 그 세포에는 달라붙지 못한다. 나중에 온 바이러스는 먼저 와 있는 바이러스와 같은 곳에 달라붙으려 하기 때문일 것이다.

세균에 기생하는 바이러스를 박테리오파지(Bacteriophage, 세균을 먹는 것이라는 뜻)라 한다. 세균은 식물계에 속하므로 박테리오파지를 식물 바이러스의 일종으로 보고 여기서 논하기로 한다.

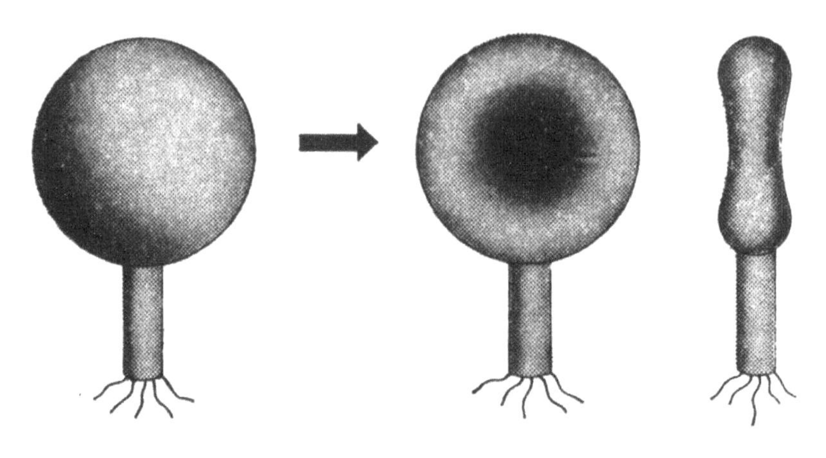

구(球)의 알맹이는 핵산용액이므로 이것을
뽑아내면 구 부분이 납짝하게오물아든다.

그림 9 | 핵산을 상실한 박테리오파지

박테리오파지로부터 그것이 함유하는 핵산을 뽑아내 버리면 박테리오파지는 번식력을 상실하지만 그래도 세균에 달라붙을 힘은 남아 있다. 이 빈 껍질처럼 되어버린 박테리오파지(그림 9)가 온전한 박테리오파지에 간섭하는 경우가 있다. 또 핵산이 온전한 파지에 간섭하는 수도 있다. 그것은 박테리오파지의 몸으로부터 핵산이 빠져나가 세균의 체내로 들어가서 세균의 염색체의 일부가 되어 시치미를 떼고 잠재해 있는 경우이다.

그런 상태로 있는 세균을 향해 같은 종류의 온전한 박테리오파지가 외부로부터 달라붙으려 해도 달라붙지 못한다. 세균 속 깊숙이 숨어 있는 박테리오파지 핵산이 어떻게 해서 세균체의 표면에서 일어나는 사건을 방해할 수 있는지를 알지 못한다(표 2).

간섭하는 것	간섭당하는 것
완전 파지	완전 파지
완전 파지	프로파지 (균체 내에 잠복하는 파지 핵산)
자외선으로 번식력을 상실한 파지	완전 파지
프로파지 (균체 내에 잠복하는 파지 핵산)	완전 파지
핵산을 상실한 파지	완전 파지

표 2 | 박테리오파지의 간섭

다른 종류의 박테리오파지 사이의 간섭일 때는 세균에 달라붙는 단계에서는 서로 아무 방해도 하지 않다가 그 후의 번식 작업 중인 어느 단계를 방해한다.

동물 바이러스에서는 또 그 양상이 다르다. 동물 바이러스는 세포에 달라붙기만 해서는 다른 바이러스의 방해가 되지 않는다. 간섭하기 위해서는 달라붙은 다음에 어떤 작업을 영위하지 않으면 안 되는 것 같다. 그것은 박테리오파지와는 달라서 자외선으로 바이러스의 핵산에 미리 상처를 주면 간섭을 하지 않기 때문이다.

바이러스에 달라붙은 세균은 이 책의 주제인 인터페론을 만드는 경우도 있다. 인터페론은 바이러스의 번식을 방해하는 힘이 강하고 또 상대를 가리지 않고 어떤 바이러스에도 작용하기 때문에 이 경우에는 두 바이러스의 단백 부분에 공통성이 있든 없든 간섭은 일어난다.

인터페론이 만들어지지 않을 경우의 일에 대해서는 아직도 연구되지 않았으나, 식물 바이러스의 경우처럼 공통의 단백질을 갖는 바이러스가 숙주세포에 달라붙는 단계에서 싸울지도 모른다. 적어도 그런 타입의 간섭이 있을 것으로 생각한다.

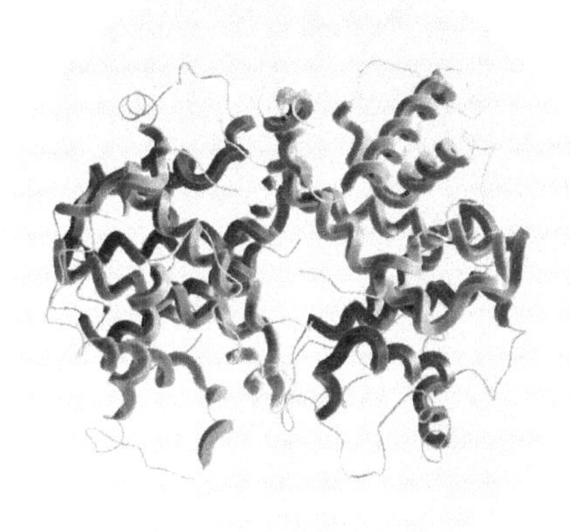

2장

인터페론의 발견

2
인터페론의 발견

선구자들

동물의 체내로 바이러스가 침입하면 이에 대항하는 물질이 만들어지고 이 물질이 바이러스의 번식을 억제한다. 즉 면역이라는 기구가 바이러스로 인한 질병을 낫도록 유도한다는 것은 1장에서 설명했다.

그런데 그 면역이라는 기구 말고도 바이러스에 대항하는 다른 물질이 형성되는 것이 아닐까 하고 바이러스학자들은 예전부터 생각해왔다.

1940년대에는 그와 같은 것을 찾아내기 위해 실험을 한 사람들도 있었고, 또 다른 목적의 연구를 하던 중 그런 종류의 물질 존재를 암시하는 사실을 접한 사람들도 있었으나 그 존재를 단정하기까지에는 이르지 못했다.

지금 우리가 그 무렵의 실험결과를 본다면 면역과는 별도로 바이러스의 번식을 억제하는 그 무엇인가가 존재한다는 것을 강력하게 시사하고 있다고 생각하겠지만, 그 당시의 당사자들에게는 흔히 있는 실험 오차이거나 두 종류의 바이러스가 동물세포의 내부에서 번식에 필요한 것을 서로 빼앗는 결과겠거니 생각하는 것으로 그치고 말았다.

또 본래의 면역을 담당하는 항체 말고도 또 하나의 별개의 항체가 만들어지는 것이 아닐까 하고 생각한 사람들도 있다. 이 사람들은 실험결과를 면역이라는 테두리 안에서만 해석하려 했기 때문에 길을 트지 못했던 것이다.

바이러스에 대한 동물체의 저항

필자는 처음에 비면역적인 인자(因子)를 찾아내려 했던 것은 아니었다. 면역이란 도대체 어떤 기구로 되어 있는가만을 생각하고 있었다.

바이러스에 대한 면역이란 무엇인가.

이 소박한 설문은 그 자체로는 실험계획과 결부되지 못한다.

바이러스가 동물을 면역상태로 만들기 위해서는 어떤 조건을 갖춰야 하는데 이는 본래의 살아 있는 존재 자체로 질병을 일으키는 힘이 있는 바이러스가 적격이라는 것은 말할 나위도 없다. 반면 바이러스를 불에 태워 재로 만들어 버리면 부적격해진다는 것도 확실하다. 다만 그 양극단 사이 어디에 적격과 부적격의 경계가 있는 것인지, 발병력은 없다고 하더라도 면역의 원인이 될 수는 있는지, 발병력은 있는데도 면역의 원인이 될 수는 없다는 경우도 있는 것인지, 간섭력과 면역력은 늘 손을 맞잡고 나타나거나 없어지거나 하는 것인지, 바이러스 입자를 구성하는 단백질, 당, 지방, 핵산의 모든 것이 건재하지 않으면 안 되는지, 그중의 어떤 것은 파괴되어 버려도 되는지, 어느 정도까지 파괴되어도 되는지, 등의 여러 가지 문제는 이론상으로는 조사하면 할 수 있는 일이지만 어디서부터 손을 써야 할지 알 수가 없었다.

한편, 동물체에 성립되는 면역이란 도대체 어떤 상태의 것인가, 항체만이 면역이라는 상태의 요인인가, 그 항체는 바이러스에 어떻게 작용하는가, 바이러스는 항체의 작용을 받으면 어떻게 변모하는가, 그 일이 감염의 저지와 어떻게 결부되는가 등 실험계획을 세우려니까 머리가 어지러워졌다.

한걸음 물러서서 좀 다른 시각에서 바라본다는 뜻에서, 이를테면 콜로이드학(學)이라는 입장에서 면역에 관계되는 여러 가지 현상을 관찰해볼까. 그런 생각으로 콜로이드학에 관한 책을 공부하기도 했었다.

콜로이드라는 것은 분자가 몇 개 모여서 또는 거대한 분자 한 개만으로도 커다란 입자로서 분산된 상태의 것을 말하며, 이런 상태에 있는 물질의 물리나 화학을 콜로이드학이라 한다. 당시에는 신흥 학문 분야였다.

생물이 살아가기 위해 영위하는 무수한 이화학반응(理化學反應)의 주역은 단백질, 다당질, 핵산 등 콜로이드 상태인 것이 많다. 그러므로 생명현상을 해석하면서 콜로이드학은 하나의 유력한 기초가 되리라고 생각했다.

병리조직학이라는 철저한 형태학(形態學)의 관점에서 면역현상을 관찰해볼까. 그렇게 생각하고 파리의 살패드리에르(Salpestrier) 병원의 신경계 병리학 연구실에 다니면서 실험방법과 기술을 배우곤 했다. 그러다가 면역 연구를 집어치우고 바이러스병의 병리조직학을 전공할까 하고 방황하기도 했다.

파스퇴르 연구소의 황열 연구실에 3년 가까이 유학하는 동안, 무척 알뜰히 공부한 셈이었는데 귀국할 때가 되었어도 아직 자신의 확고한 진로를 찾을 수가 없었다.

최신의 지식을 습득한 '유학자'라는 겉모습과는 달리 사실은 맥없이 고베(神戶)의 부둣가에 내려섰었다.

가설은 대담하게 세우는 것이 좋 다

이윽고 이런 커다란 문제를 앞에 두고 미숙한 사람이 우왕좌왕해 봤자 해결의 실마리가 잡힐 것 같지도 않다는 생각이 들었다. 그래서 백 보 물러서서 면역에 관한 극히 간단한 것을 차분히 조사하는 것에서부터 시작해 보기로 했다.

1940년쯤부터는 동물의 신체가 바이러스에 접촉한 뒤 며칠이 지나면 항체가 형성되는가를 분명히 하려는 생각으로 실험을 거듭했다.

1941년의 학회 기록에 「종두의 면역 발현 시기에 관한 실험적 연구」라는 제목으로 필자와 공동 연구자들의 보고가 실려 있다.

그때 필자는 백시니아 바이러스에 대한 송아지의 신체 저항이 생각보다 훨씬 빠르게 발현한다는 것과 이는 항체가 의외로 빨리 나타나기 때문에 발생한 결과라고 주장했다. 이와 관련해서 필자의 은사이신 나카무라 선생이 말씀하셨다.

"바이러스에 대한 저항이 지극히 조기에 발현한다는 것은 잘 알았다.

그러나 이것이 면역체(이 책에서 항체라고 부르는 것)의 작용에 의한 것이라고 단정해서는 안 된다.

자네는 빠르게 나타나는 저항은 빨리 나타나는 면역체의 탓이 아닐까 하는 생각으로 실험한 것이기 때문에 면역체가 의외로 빨리 나온다는 것을 알았을 때, 역시 면역체의 탓이라고 생각해 버린 거야. 면역체가 무척 빨리 나타난다는 것은 사실일 거야. 그러나 그렇다고 해서 저항이 빨리 성립한다는 것이 그 면역체만의 탓이라고는 말할 수 없다."

기록에 따르면, 필자는 이렇게 대답했다.

"송아지의 피부에 단시간에 발현하는 감염저항이 면역체에 의존한다고 단정한 점을 정정한다."

필자는 이때 은사가 해준 충고를 마음에 단단히 새겨두었다.

크라우드 베르나르드(Claud Bernard)는 『실험 의학 서설』에서 이렇게 적었다.

—마법의 망토를 걸치고 공상의 하늘로 날아다니는 일이야말로 좋을 시고. 그러나 실험실에 들어가려 할 때는 망토는 벗어서 문밖에다 걸어두어야 하느니라—

꿈은 크게 갖는 것이 좋다. 가설은 대담하게 세우는 것이 좋다. 그러나 그것이 사실과 일치하는지 어떤지를 보기 위해, 실험하여 결과가 나왔을 때는 가설의 망토는 미련 없이 벗어던지지 않으면 안 된다.

나팔꽃은 왜 아침에 피는가

여기에 한 가지 천진난만한 질문이 있다.

—나팔꽃은 왜 아침에 피는가—

이것에 대해

—밤이 새고 날이 밝으면 나팔꽃은 그것을 감지하여 피는 게다. 실제로 해가 떠오를 무렵에 반드시 피지 않는가—

라고 대답하는 것은 옳을까. 이 대답은 하나의 가능성을 말했을 뿐이다. 이것은 하나의 가정일 뿐이다. 주변이 밝아지는 시각과 나팔꽃이 피는 시각이 거의 일치하는 것은 사실이다. 그러나 그것은 우연일지도 모른

그림 10 | 나팔꽃은 왜 아침에 피는가

다. 인과관계는 전혀 없을지도 모른다. 인과관계가 있느냐 없느냐는 것은 조사하려고 생각하면 간단히 조사할 수 있다.

밤에 자기 전에 화분에 심은 나팔꽃을 상자에 넣어 창고 같은 어두운 곳에 보관해 둔다. 이튿날 아침, 바깥의 나팔꽃이 피었을 무렵에 상자를 열어보면 상자 속의 나팔꽃도 어김없이 피어 있다.

이것으로 밝아지기 때문에 꽃이 핀다는 가설이 틀렸다는 것을 알 수 있다.

기온이 올라가기 때문이라는 것이 아니라는 것도 실험해 보면 금방 알 수 있다.

밝아지기 전에는 어두웠다. 몇 시간 동안 어두웠던 것이 꽃이 피는 원인일까. 이 점을 확인하려면 밤새도록 일광과 비슷한 인공광선을 나팔꽃에 쬐어보면 된다. 실제로 그렇게 해보면 아침이 되어도 꽃은 피지 않는다. 이것으로 태양광선이 나팔꽃의 개화를 억제한다는 사실을 알 수 있다.

일광을 쬐기 시작한 뒤 시간이 한참 지나지 않으면 일광의 이 개화 억제 효과는 나타나지 않는다. 또 일광이 비치지 않아도 10시간쯤은 그 효과가 남아 있다.

나팔꽃이 아침에 피는 것은 전날 저녁에 해가 저버렸기 때문이다.

우리는 연구 도중에 '나팔꽃이 아침에 피는 것은 밝아졌기 때문이다'라고 단정하는 과오를 이따금 범하는 듯한 마음이 든다. 응당 스스로 경계해야 할 일이다.

언제 면역상태가 되는가

동물체의 저항이 항체만의 탓은 아닐지도 모른다고 생각했다면, 무엇 때문인지를 조사하면 될 것을 그 무렵 필자는 항체라는 것은 어떤 식으로 만들어지는지, 어떻게 해서 바이러스의 번식을 억제하는지 그런 일만 생각했다.

그리고 그런 문제와 씨름할 준비로, 항체가 만들어지는 데 얼마나 시간이 걸리는가를 되도록 정밀하게 조사해 보려고 그것에만 열중했다.

그런데 이 문제는 처음에 생각했던 만큼 간단한 것이 아니었다. 체내의 항체가 가장 많아지는 시기를 조사하는 일은 비교적 쉬우나 형성되기 시작하는 시기를 정밀하게 규명하기는 어려웠다. 형성되기 시작할 때의 극히 미량의 항체를 포착하지 않으면 안 되었기 때문이다.

바이러스로는 종두(천연두의 예방접종)에 사용되는 백시니아 바이러스를 사용하고 동물은 토끼를 사용했다. 먼저 실험에 필요한 양의 바이러스를 확보해야 하는데, 바이러스는 세균과는 달라서 인공적인 영양액 속에서 번식시킬 수는 없으므로 동물의 체내에서 번식시키지 않으면 안 된다.

백시니아 바이러스의 경우에는 토끼의 몸으로 번식시켜, 그 부분의 조직을 취해 잘게 짓이겨 거치적거리는 조각을 원심침전(遠心沈澱)으로 제거한다. 이것을 바이러스의 시료(試料)로 실험에 사용하는데 이것은 토끼의 세포 조각이나 조직액, 혈액 성분 등과 바이러스가 혼합한 것으로서, 거기에 함유된 물질 대부분은 바이러스 본위로 보면 불순물이다. 핵심 바이러스는 물량으로서는 지극히 근소하다.

바이러스 시료에 자외선을 쬐면 바이러스는 번식력을 상실한다. 바이러스가 번식력을 상실하는 것을 임시로 바이러스가 죽는다고 표현하기로 하자.

'임시로'라고 하면, 정말로 바이러스가 죽는다는 것은 어떤 상태가 되는 것이냐고 묻고 싶겠지만, 이것은 생명이란 무엇인가라는 커다란 테마와 연관되기 때문에 다음에 나올 '바이러스의 번식'이라는 항목에서 다시 생각하기로 하자.

자외선의 작용을 받아 번식력이 없어진 바이러스도 이것을 동물에 주사하면, 동물은 항체를 만들어서 살아 있는 바이러스를 튕겨내는 상태가 된다. 즉 면역상태가 된다. 또 죽은 바이러스가 산 바이러스에 간섭하는 수가 있다. 즉 죽은 바이러스가 산 바이러스를 이기는 수가 있다.

필자는 우선 바이러스에 대한 동물의 면역상태가 언제 형성되기 시작하는가를 조사했다.

동물이 면역상태가 되는 것은 항체의 작용에 의한 것이므로 동물이 언제 면역이 되는가 하는 것은 항체가 언제 만들어지는가를 조사하면 알 수 있다. 또 면역된 동물의 체내에서는 바이러스가 번식할 수 없기 때문에 바이러스가 번식하는지 어떤지를 관찰하는 것으로도 면역이 성립하는지 어떤지를 알 수 있다.

그러나 동물의 체내에서 바이러스의 수가 증식하는 것을 직접 계산할 수는 없다. 그렇지만 바이러스가 번식할 때 반드시 일어나는 사건이 있다면 그것을 바이러스가 번식하는 기준으로 삼으면 된다.

백시니아 바이러스가 번식할 때만 세포질 안에 나타나는 구조물〔봉입체(封入體)라 한다. 〈그림 11〉〕이 있다. 이것은 바이러스가 번식했다는 것의 확실한 증거가 된다.

그래서 면역이 성립됐는지 어떤지는 항체가 나타났는지 안 나타났는지를 통해 결정하고, 바이러스가 번식했느냐 아니냐는 봉입체가 형성되었는지 아닌지를 통해 판단하기로 했다.

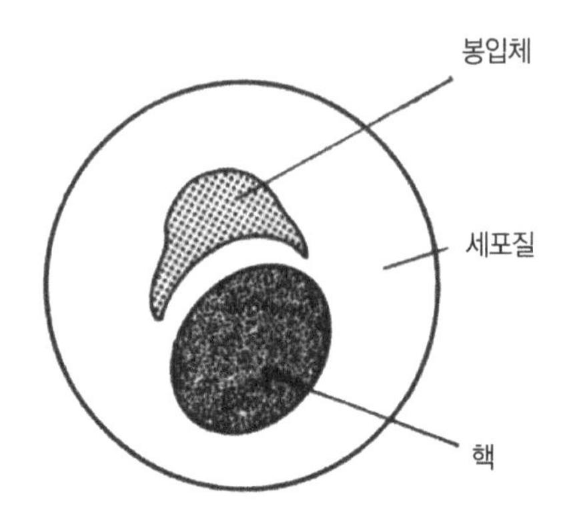

그림 11 | 백시니아 바이러스의 증식에 의해 생기는 봉입체

백신의 효과를 조사할 때는 보통 먼저 백신을 동물에 주사한 다음, 바이러스를 주사하여 그 바이러스가 번식해서 질병을 일으키는지 어떤지를 관찰한다. 이 경우는 백신의 효과가 나타나기 시작하는 시기를 세밀하게 조사해 보고 싶었기 때문에, 먼저 바이러스를 접종하고 얼마쯤 시간이 지나 바이러스가 증식하기 시작했을 무렵에 가서 백신을 주사해 보았다.

토끼 눈의 각막에 백시니아 바이러스를 접종한다. 그대로 방치하면 바이러스가 번식하여 4일 후에는 각막세포에 봉입체가 수많이 나타난다.

그런데 바이러스를 접종한 뒤 이틀 후에 다시 그 각막에 백신을 주사하고 또다시 이틀이 지났을 때, 즉 바이러스를 접종하고 나서 나흘 뒤에는 봉입체가 형성되어 있지 않았다. 백신주사에 의해 각막에서 항체가 만들어진 탓일까 생각했지만 각막에서는 항체가 발견되지 않았다(표 3).

처치	항체	봉입체
면역혈청	⧺	⧺
백신	—	—

표 3 | 백신 효과와 항체와의 관계

토끼의 각막에 백시니아 바이러스 접종
2일 후, 면역혈청 또는 백신을 각막 내에 주사
4일 후, 각막 내 항체 및 봉입체를 검색
⧺는 강한 양성. —는 음성(후루노)

그러나 각막을 짓이겨서 찾아도 발견되지 않을 만큼 미량의 항체라도 생체 내의 현장에서는 바이러스의 번식을 억제하는 것일지도 모른다.

그 점을 점검하기 위해 바이러스를 접종하고 이틀 후에 백신 대신 면역혈청(다른 토끼에 바이러스를 주사한 뒤 2~3주 정도 경과 한 후에 채취한 혈청. 이것은 항체를 대량으로 함유한다)을 주사하고, 그로부터 이틀 후에 각막을 짓이겨 조사했더니 주사된 항체는 아직 남아 있었다. 그럼에도 봉입체 또한 수많이 형성되어 있었다(표 3).

즉 항체가 바이러스보다 이틀 뒤에 주어지면 바이러스의 번식을 억제할 수 없다.

〈표 3〉을 보고 알 수 있는 일은 이 실험에서 백신이 바이러스의 번식을 억제한 것은, 백신주사의 결과로 항체가 만들어져서 작용한 것이 아니

라는 사실이다. 바꿔 말하면 이 경우 바이러스의 번식을 억제한 것은 면역과는 별도의 무엇이라는 사실이다.

그리고 이번에는 각막의 실험과 같은 목적의 실험을 피부에다 시도해 보았다.

자외선으로 죽인 바이러스 시료를 토끼의 등허리 여러 곳에 피내주사(皮內注射, 피하주사가 아니고 얄팍한 피부조직 자체에 주사)한다. 주사한 위치를 알 수 있도록 색소로 표시해 둔다. 그런 다음 그 주사 부위에 이튿날, 다음 다음 날, 이렇게 시일을 달리하여 실온 바이러스를 피내주사한다. 바이러스가 번식하면 거기에는 종기가 생길 것이다.

백신을 주사한 후 1주일이나 2주일이 지난 뒤에 산 바이러스를 주사하면 거기에서는 종기가 생기지 않는다. 이것은 전부터 잘 알려진 백신의 효과이다. 백신을 주사함으로써 동물 체내에서 만들어진 항체 때문이다.

그런데 백신을 주사한 다음 하루밖에 지나지 않았을 때, 즉 백신을 주사한 다음 날에 산 바이러스를 주사한 위치에서도 종기는 생기지 않았다.

그래서 이번에는 백신과 산 바이러스를 주사하는 순서를 거꾸로 해보았다. 바이러스를 먼저 주사한 다음, 그날과 이튿날, 다음다음 날이라는 식으로 백신을 나중에 주사했다. 그랬더니 당일 또는 이튿날에 백신을 주사한 위치에는 종기가 생기지 않았다.

바이러스가 먼저 동물의 몸에 들어가 이미 번식작업을 영위하는 시기가 된 후에 그곳에 들어온 백신이 그 번식작업에 제동을 걸은 셈이다.

항체가 원인일까?

이미 시작된 바이러스의 번식이 나중에 들어온 백신에 의해 방해받았다. 언제부터 방해가 되었을까. 그것을 조사했다.

그 방해는 백신을 주사한 뒤 불과 4시간 후, 또는 그 이전에 시작된다는 것을 알았다(그림 12). 이렇게 단시간 동안에 항체가 만들어질 턱이 없다. 실제로 조사해 봐도 발견되지 않았다(표 4).

그렇다면, 이 번식 방해는 항체와는 별개의 무엇인가의 소행이라고 할 수밖에 없다. 즉 면역 반응은 아니라는 것이다.

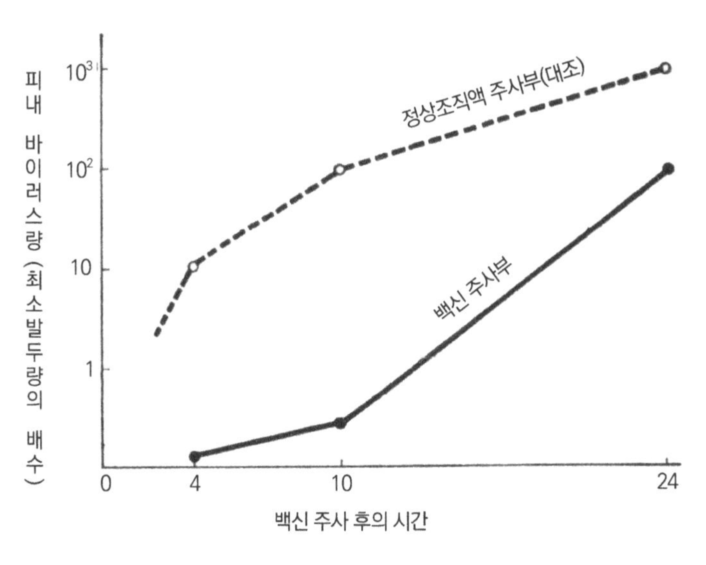

그림 12 | 백시니아 바이러스의 토끼 피내 증식에 대한 백신의 작용(후나바시)

가검 재료	가검 재료에 가할 바이러스의 희석도			
	10^4	10^5	10^6	10^7
브이용*(대조)	++	+	—	—
백신주사 4시간 후의 피부		±	—	—
백신주사 24시간 후의 피부		—	—	—

표 4 | 활성 바이러스, 이어서 백신이 주사된 피부 내의 항체

* Bouillon : 세균의 액상배지(液狀培地)로 이용
++, +, ± : 발두
— : 불발두

백신의 면역 효과를 조사할 때는 보통 백신을 먼저 주사하고 며칠 후에 산 바이러스를 주사하는데, 이 실험에서는 바이러스를 먼저 주사하고 나서 하루 뒤에 백신을 주사했다. 이 경우 바이러스의 번식을 방해한 것은 항체뿐만 아니라 무엇인가 다른 메커니즘이 관여한다는 것을 알았다.

이 실험방식을 보통의 면역 효과실험과 구별하기 위해서 '억제시험(抑制試驗)'이라 부르고, 이 경우의 바이러스 번식 방해 효과를 '억제 효과'라 부르기로 했다. 면역과는 별개의 것이라는 것을 '억제'라는 말로 표현하기로 한 셈이다.

바이러스 입자끼리의 간섭일까?

번식 방해의 요인이 면역이 아니라고 하면, 백신에 포함된 죽은 바이러스가 산 바이러스에 간섭한 것은 아닐까 하고 생각할 수 있다. 그래서 백신을 고속 원심침전기(遠心沈澱器)에 걸어서 바이러스 입자와 액체 부분으로 분리하여 각각을 사용해 '억제시험'을 해 보았다.

그렇게 했더니 '억제 효과'는 바이러스 입자 쪽이 아니라 액체 부분에 있었다. 즉 '억제 효과'는 죽은 바이러스와 산 바이러스 사이의 간섭이 아니라는 것을 알았다.

그렇다면 '억제 효과', 바꿔 말해서 비면역성의 항(抗)바이러스작용을 담당하는 것은 백신에 함유된 바이러스 입자가 아니고, 백신의 액체 부분에 함유된 그 무엇이라고 한다(표 5).

재료	바이러스함유량 비	자외선을 쬐는 시간(분)	
		6	10
감염조직 호모지네이트	100	100*	1
상청(上淸)	1	10	1
침사(沈液, 바이러스)	100	—	—

표 5 | 백신 원심상청의 억제 효과

* 유효 희석 배수(고지마)

백시니아 바이러스 감염 토끼의 고환 호모지네이트를 3만 5천 회전, 60분간 원침(遠沈), 상청(上淸) 및 침사(沈液, 바이러스)를 자외선으로 쬐어, 각 표본품으로 "억제시험"

이것을 1954년에 발표했다.

이것이 나중에 언급할 바이러스 억제인자(인터페론)의 존재를 가리킨 최초의 논문이다.

불상(佛像) 조각가로 유명한 마츠나가 씨는 언젠가 이런 말을 했다.

—나는 60년 남짓하게 어떻게든지 훌륭한 부처님을 조각했으면 하고 염원하면서 일을 해 왔었지만, 훌륭한 부처님은 좀처럼 만들지 못했어요.

그저 무심히 끌을 움직이고 있느라, 부처님 쪽에서 목재 속으로부터 나타나신다는 걸 최근에 와서야 깨달았답니다.

그림 13 | 무심히 끌질만 하면……

우리 실험과학자도 그저 자연현상의 참모습을 접하고 싶다고만 염원하면서 실험에 정성을 쏟아야지 독창적인 것을 만들어 내겠다고 생각하는 것은 속념(俗念)일 따름이다. 그런 일쯤은 잘 안다고 생각하는데도 데이터는 저쪽에서 나와 주는 것이므로, 그저 무심히 실험만 하면 된다는 심경까지 필자는 도저히 이를 수가 없다.

바이러스 억제인자의 존재를 알아챈 것도 무념무상(無念無想)과는 거리가 먼, 앞뒤 생각도 없이 그저 닥치는 대로 실험을 했더니 예기치 않았던 일이 우연히 나타났다는 것뿐이다.

확실히 항체와는 별개의 것인가?

여기서 의심하려면 의심할 수 있는 일이 있다. 즉

—(1) 백신은 바이러스가 번식한 동물의 조직으로 만든 것인데, 번식한 바이러스가 동물세포에 작용하여 항체를 만들고, 그것이 백신에 함유되어 있을지도 모른다. 그리고 그 항체가 앞에서 말한 실험에서 바이러스의 번식을 방해했을지도 모른다.—

과연, 동물조직 속에서 번식한 바이러스는 곧 가까운 세포를 자극하여 항체를 만들게 할 것이다. 그러나 그 장소에는 무수히 많은 바이러스가 있어서 즉시 그것과 결합한다. 결합하면 항체로서의 작용을 상실하기 때문에 작용이 있는 자유로운 항체는 없을 것이다. 그렇지만 아주 미량의 항체가 남아 있을 위험성이 없다고는 잘라 말할 수는 없다.

—(2) 백신의 자극 때문에 피부조직 속에 항체가 의외로 빨리 나타나지만 검출 방법이 조잡하기 때문에 그것을 검출할 수 없는 것이 아닐까—

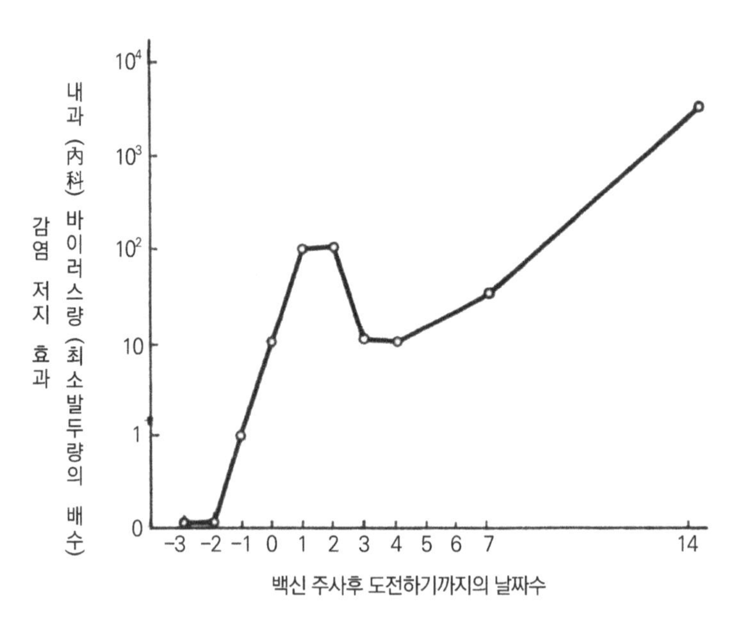

그림 14 | 백신 효과의 소장(消長)

이런 의문을 푸는 한 가지 방법으로 백신의 효과가 언제 나타나서 그 후 어떻게 소장(消長)하느냐, 즉 효과의 카이네틱스(Kinetics)를 조사하는 방법이 있다.

이것은 자극에 따라서 항체가 차츰차츰 만들어짐으로써 그것에 의한 효과의 소장(消長)이나 또 주사재료 속에 항체가 함유되어 있을 경우 효과의 소장(消長)과 백신에 의한 효과의 소장(消長)이 다르다면, 백신의 효과가 항체 때문만은 아니라는 것이다.

백신을 토끼 등허리의 여러 곳에 주사하고, 그 전후의 여러 시기에 다양한 양의 산 바이러스를 주사하여 백신의 효과가 언제 어느 정도로 나타

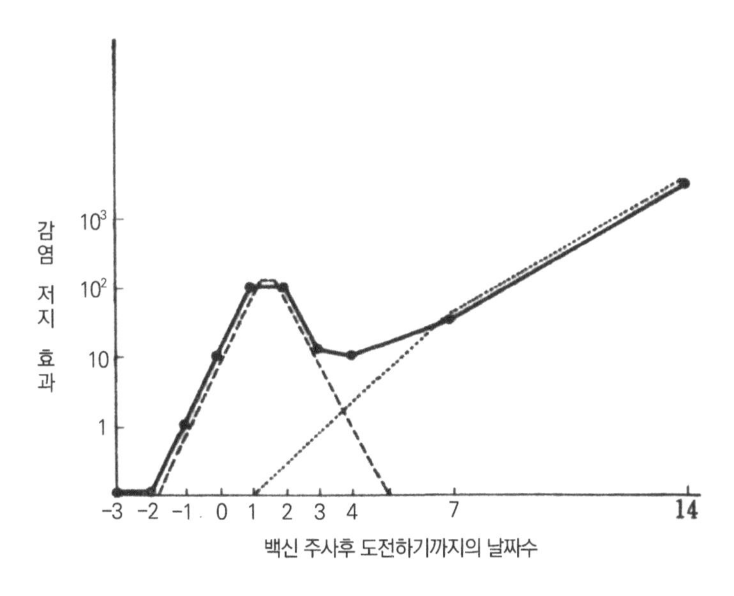

그림 15 | 백신 효과의 소장(消長)을 나타내는 곡선의 해석

나는지를 조사했다.

결과는 〈그림 14〉와 같았다. 즉 백신의 효과는 주사를 놓은 당일보다는 다음 날과 다음다음 날이 크고, 그 후 일단 약해졌다가 1주일 후쯤부터 다시 커져서 2주 후에는 눈에 띄게 커졌다.

1주일 후쯤부터 증대하는 효과는 항체가 점점 대량으로 만들어지는 결과라고 생각된다. 이것은 면역상태가 성립할 때 극히 일반적인 경과이다.

항체량이 점점 증대하는 도중에 한 번 상당히 증대했다가 잠깐 쉬었다가 다시 증대하기 시작한다는 것은 도저히 생각할 수 없다. 〈그림 14〉의 곡선은 〈그림 15〉에 제시되어 있듯이 두 곡선이 합쳐진 것이 틀림없다.

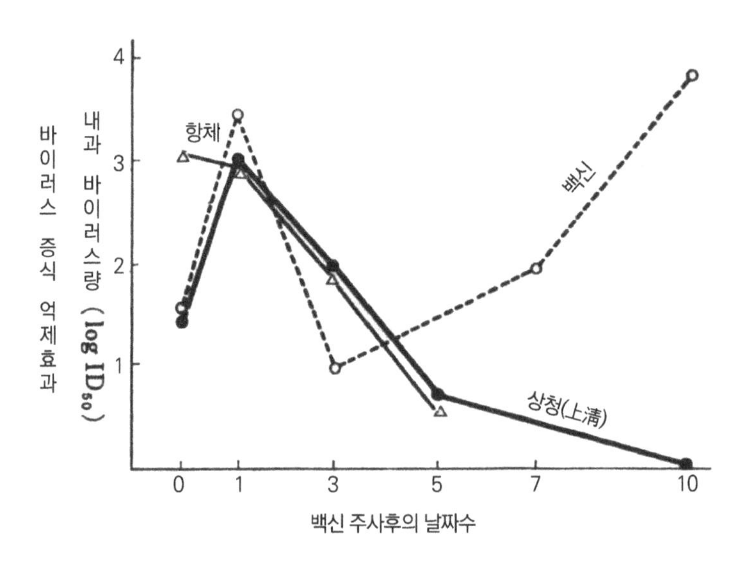

그림 16 | 백신 원심상청 효과의 소장

최초의 피크는 토끼의 체내에서 만들어진 항체의 탓이라고는 생각되지 않는다.

만약 백신에 함유되는 미량의 항체가 조기 효과의 원인이라 한다면, 그 피크는 주사를 놓은 당일에 있을 것이다.

이런 이유로 주사를 놓은 다음 날, 다음다음 날에 피크를 가리키는 효과는 토끼의 체내에서 만들어진 항체에 의한 것도 아니고, 백신 속에 처음부터 함유되어 있던 항체에 의한 것도 아니라고 판단했다(1957). '바이러스 입자끼리의 간섭인가'의 항목에서 말했듯이 백신의 '억제 효과'는 바이러스 입자에 의한 것이 아니라 액상(液狀) 부분에 의한다는 것을 알았다. 그래서 그 액상 부분의 효과가 언제, 어떻게 나타나는가를 조사해 보았다.

결과는 〈그림 16〉에서 보는 바와 같이 효과의 피크는 오직 하나, 이튿날에 있었다.

따로 마련한 면역혈청(항체를 함유하는 혈청) 피크는 당연한 일이지만, 주사 당일에 있고 이튿날 이후는 내려가기만 했다(1958).

이렇게 해서 얻은 결론은 다음과 같다. 바이러스가 번식한 조직 내에는 바이러스의 번식을 방해하는 액성인자(液性因子)가 생성되어 있다. 그것은 항체도 아니고 또 동물에 항체의 생산을 촉진하는 것도 아니다. 즉 면역과는 별개의 요인이다.

바이러스 억제인자라 명명

이렇게 바이러스가 번식한 동물의 조직 내에는 면역과는 관계가 없는 액성인자가 있고 이것이 바이러스의 번식을 억제하는 작용을 했다는 것을 알았다.

그러나 그 정체를 몰랐기 때문에 필자는 막연하게 바이러스 억제인자라 기재했었다. 프랑스어로 'Facteur Inhibiteur'라고 썼다. 영어로 고치면 'Inhibitory Factor'이다. 그 후에도 이것을 줄여 프랑스어로는 FI, 영어로는 IF라 일컫고 있다. 이 책에서는 앞으로 IF로 쓰기로 한다.

전부터 바이러스의 간섭현상을 연구하는 사람들이 영국에 있었다. 그들은 어떤 하나의 바이러스가 동물세포에 달라붙으면 다른 바이러스의 번식까지도 억제하는 물질이 만들어진다는 것을 알고 있었다.

그리고 바이러스의 간섭이라는 현상은 이 물질의 작용에 의해 일어난다고 생각했다. 조사해 보았던 것은 아니다. 그저 그렇게 생각했다. 그래서 간섭한다(Interfere)는 것이라는 뜻의 인터페론(Interferon)이라는 말을 새로 만들어 이것의 이름으로 삼았다(1957).

그러나 '바이러스 입자끼리의 간섭'의 항목에서 설명했듯이 바이러스의 간섭이라는 현상의 메커니즘은 단순하지 않다. 실제로 IF는 전혀 나타나지 않는데도 간섭현상이 일어난다는 사례가 그 후 굉장히 많이 보고되었다.

인터페론이라는 이름은 간섭이 반드시 이 물질의 작용에 의해 일어나는 듯한 착각을 유발하기 때문에 좋지 않다. 더 막연한 이름으로 불러두는 편이 낫다.

필자는 프랑스어로는 'Facteur Inhibiteur'를 줄여서 FI, 영어로는 'Inhibiting Factor'를 줄여서 IF라 불러왔다. 그러나 나중에 'Interferon(인터페론)'이라는 새로운 말이 생겨 이것을 줄여 IFN이라 쓰는 사람도 있으나, IF라 쓰는 사람도 많으므로 혼동하기 쉬워 난처하다.

발견자와 명명자

잡지 『과학』은 1980년 제50권째가 된 것을 기념하여 『논문으로 보는 일본의 과학 50년』이라는 제목의 증간호를 냈다. 자연과학, 특히 기초적인 분야에서 과거 50년 동안 일본에서 나온 논문 300편을 골라 한 편마다 그 요지를 소개하고 제3자의 공정한 입장에서 해설한다. 1954년의 논문을 해설한 한 절을 인용해 보기로 한다.

「인터페론(interferon)은 동물세포가 만들어 내는 분자량 2~3만의 당단백질(糖蛋白質)이며, 암이나 바이러스병의 치료에 유효한 작용을 할지도 모른다는 기대로부터 많은 활발한 연구가 진행된다.

이 물질의 발견자에 대해서는 현재도 애매한 상태에 놓여 있다. 외국에서는 1957년 A. Isaacs & J. Lindenmann(Proc. Roy. Soc. B. 147, 258)이 물질을 발견하여 인터페론이라 명명했다고 되어 있으며, 이 발견과 전후해서 일본의 나가노, 고지마도 다른 실험계로 유사한 물질을 발견했다는 정도로 소개되어 있다.

이 논문은 1954년 나가노와 고지마가 1957년 A. Isaacs이 발견했다고 하는 인터페론과 동일 물질을 이미 증명했다는 것을 가리키며, 인터페론의 발견자에 대한 논쟁의 열쇠가 되는 논문이다. 나가노는 1940년 무렵부터 항바이러스 면역의 발현 시기, 바이러스 간의 간섭현상(Interference) 등에 대해 연구한다. 토끼의 피내(皮內)에 백시니아 바이러스를 접종하고 6시간 후, 같은 부위에 자외선 불활화(紫外線不活化)의 같은 바이러스 시료를 투여하면 투여 후 4시간쯤부터 활성(活性) 바이러스의 증식 저지가 시작된다(1949). 이와 같은 이른 시기에는 혈액 속에서도, 국소조직(局所組織) 안에서도 항체는 검출되지 않는다. 그들은 이 바이러스 증식 저지가 수동 면역과도, 능동 면역과도 다른 기작(機作)에 의하는 것으로 생각하고, 비면역성 항바이러스 효과를 지니는 인자를 상정했다. 이 바이러스 감염조직의 호모지네이트(Homogenate)를 35,000회전, 60분간 원심(遠心)하면, 그 웃물 부분(上清部)이 바이러스 증식의 억제 효과를 가진다는 것을 발견했다. 침사(沈渣, 바이러스 입자)에는 이 억제 효과는 인정되지 않았다. 거기서 나가노, 고지마는 이 감염조직 안에는 간섭능(干涉能)이 있는 바이러스 입자, 바이러스 항원, 항바이러스 항체와는 따로 바이러스 감염을 억제하는 액성(液性) 성분이 함유되어 있다고 결론짓고, 그 성분을 바이러스 억제인자(Inhibitory Factor)라 명명했다. 조기에 출현할지도 모를 국소 항체의 관여에 관한 부정실험(否定實驗)이 계속되고, 1958년에는 그 관여를 완전히 부정했다. (Y. Nagano & Y. Kojima ; Compt Rend. Soc., Biol., 152, 372&1627)

A. Isaacs & J .Lindenmann은 1957년 발표한 그들의 논문에 이 논문을 인용하지 않았다. A. Isaacs은 바이러스 간의 간섭현상의 해명실험

을 나가노와는 달리 항체 관여를 생각하지 않아도 되는 발육계란(發育鷄卵)을 사용한 실험계로 하여 '간섭을 일으키는 것'이라는 뜻에서 인터페론이라는 신조어를 만들어 버렸던 것이다. 나가노의 토끼 실험계에서의 '억제인자'와 이 물질은 동일 물질이라 생각되므로 A. Isaacs을 명명자라고 불러야 할 것이다.」

IF의 개요

그 후 IF는 세계 각국에서 연구되어 여러 가지가 밝혀졌다. 그러나 모르는 것도 아직 많다.

IF는 천연물 속에 늘 함유된 것이 아니고, 동물에게 일정한 자극이 가해졌을 때 동물의 체내에서 만들어지고 비교적 빨리 소멸한다. 항체에 비해 만들어지는 방법도 소멸하는 방법도 훨씬 빠르다.

단백질이 그것의 중요한 성분이라는 것은 확실하나 정확한 화학구조는 아직 모른다. 그러므로 인공적으로 합성하는 것은 생각조차 하지 못한다. 처음에는 바이러스의 번식을 억제하는 작용이 있는 것으로서 그 존재가 알려졌으나 조건에 따라서는 세균의 번식도 억제한다는 것을 알았고, 최근에는 암이나 기타 악성종양에 대해서도 억제 효과를 발휘한다는 것을 알았다. 어쩌면 알레르기성 질환에도 효과가 있을지 모른다.

필자는 몇 해 전 IF에 관한 책을 영어로 저술한 적이 있다. 그러자 미국의 의학잡지에 서평이 실렸다. 확실히 내과 잡지였다고 생각된다.

—예로부터 만병의 묘약이라 일컫는 것은 아무 병에도 듣지 않는 것으로 정평이 나 있다. 무수한 만병통치약이 나타났다가 사라졌다. IF라는 만병통치약은 바이러스병에도 듣는가 하면, 악성종양에도 듣는다고 광고하지만 이 약도 머지않아 자취를 감춰버릴 것이다—

필자는 "무슨 허튼수작을…" 하고 씁쓸하게 웃어 버리고 말았지만, 그러나 겸허하게 반성해 보면 우리는 IF의 다면적인 작용에 놀란 나머지 자칫 과대한 기대를 거는 것은 아닐까 싶다. 지나치게 낙관적인 전망을 하는 것은 아닐까.

하찮은 서평이라고 해서 무책임한 허튼소리라고만 웃어넘기지 말고, 냉정한 실증을 촉구하는 좋은 약이라고 생각하기로 했다.

실제로 바이러스병이나 악성종양을 치료하는 데는 대량의 IF가 필요하지만 시험관 속에서 인공적으로는 합성이 불가능하기 때문에 산 세포에 만드는 수밖에 없다. 그 때문에 공업적인 규모로 제조한다는 것은 무척 어렵다.

그러나 현재 각국에서 대량생산을 위한 노력이 계속되고 착착 진척되는 것 같다.

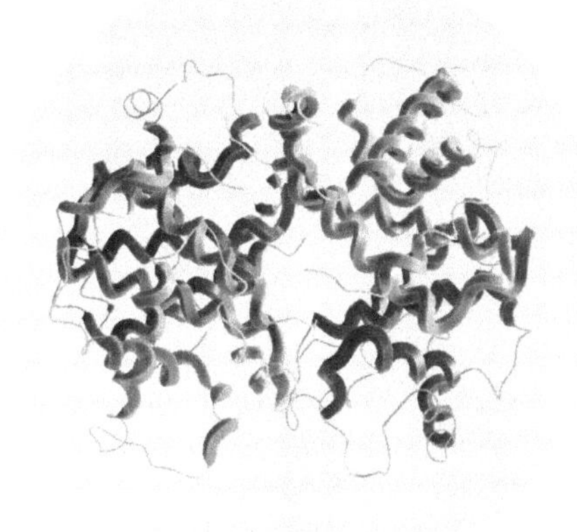

3장

바이러스는 어떻게 번식하는가?

3

바이러스는 어떻게 번식하는가?

IF는 바이러스에 대해서 어떤 식으로 작용하느냐는 문제를 4장에서 말할 예정이므로 그전에 바이러스, 특히 바이러스의 번식상태를 살펴보려고 한다.

바이러스 입자의 구조

바이러스는 매우 작아서 광학현미경으로는 보이지 않는 것이 많지만 전자현미경으로는 볼 수 있다. 지름은 큰 것은 300밀리미크론(mμ), 작은 것은 22밀리미크론밖에 안 된다(1mμ은 1의 100만 분의 1).

그런데도 형태는 한결같지 않아서 구형, 벽돌 모양, 총알 모양, 올챙이 모양 등 여러 형태이며, 표면이나 내부구조도 여러 가지이다. 그러나 바이러스 입자의 구조를 아주 대범하게 말한다면 실뭉치 모양 또는 나선 모양의 핵산을 단백질의 막으로 감싼 것이다.

식물에 기생하는 바이러스 가운데는 단백막으로 감싸여 있지 않은 알

몸의 핵산도 있다고 한다.

바이러스 핵산의 작용

바이러스는 주위의 영양분을 섭취해 그것을 에너지원으로 사용하여 활동하는 일도 없고, 자기 자손을 자신의 힘만으로 만들어 낼 수도 없다. 자신의 핵산이나 단백질과 동일한 핵산이나 단백질을 자기 이외의 생체의 세포에게 만들게 한다.

그 세포가 평소에는 세포 자신을 위한 핵산과 단백질을 합성한다. 동식물의 세포핵은 종류에 따라 특유한 염색체를 가진다. 화학적으로는 데옥시리보핵산, 줄여서 DNA이다. DNA가 이러이러한 물질을 합성하라는 지령을 내린다.

전령의 구실을 하는 것은 리보핵산, 줄여서 RNA이다. 세포 내에서 단백질을 합성하는 담당자는 리보솜이라는 과립(顆粒)이며(그림 17), 이것이 염색체로부터 받은 지령에 따라 각각의 종(Specie)에 특유한 단백질을 만든다.

거기에 바이러스가 침입해 온다. 그리고 리보솜에 작용하기 시작한다. 그 세포 본래의 지령을 배척하고, 바이러스로부터의 지령을 따르도록 강요한다.

리보솜은 지령을 받으면 그것이 누구로부터 오는 지령이건, 그 지령

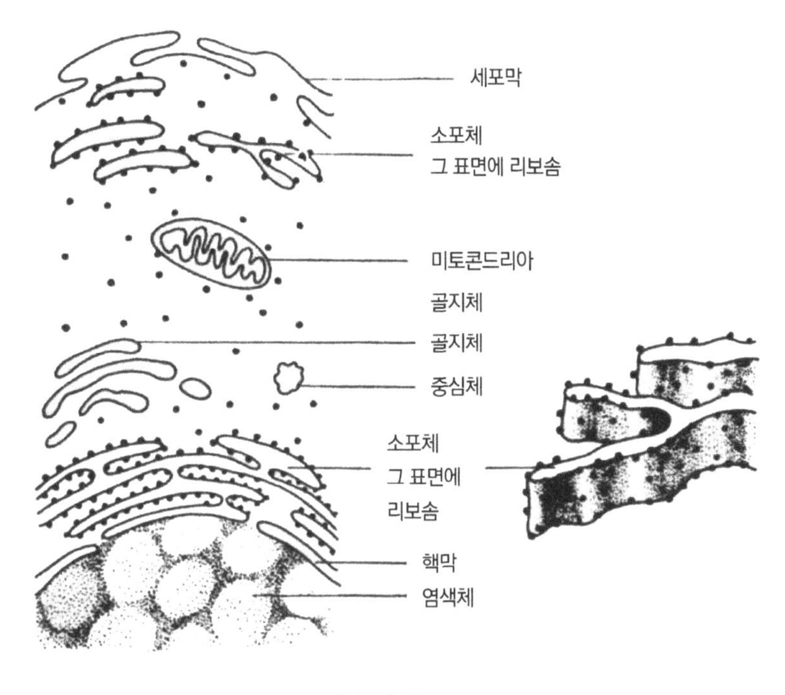

그림 17 | 리보솜

대로 합성 작업을 영위하므로, 세포 자신을 위한 단백질을 만드는 작업을 그만두고, 바이러스 입자를 구축하기 위한 소재를 부지런히 합성한다.

이상의 경위를 보면 알 수 있듯이 바이러스 입자의 성분 중에서 바이러스의 번식에 직접 필요한 것은 핵산이다. 단백질로 되어 있는 막은 핵산을 보호하거나 바이러스가 동식물의 세포에 달라붙을 때의 향도 구실을 할 뿐이다.

핵산이라는 물질은 고등생물의 세포에서는 많은 성분 중 하나에 지나지 않지만, 바이러스에서는 그것의 존망을 결정하는 핵심이다. 극단적으로 표현하자면 바이러스는 유전자만으로써 하나의 개체를 이룬다.

이것을 아주 멋지게 설명한 사람이 있다.

"바이러스란 세포 바깥으로 나와도 파괴되지 않는 유전자를 말하며, 유전자란 세포 바깥으로 나오면 파괴되는 바이러스를 말한다."

박테리오파지의 번식

바이러스는 구체적으로는 어떤 절차로 번식하는가 하면, 가장 분명하게 아는 것은 세균에 기생하는 바이러스, 즉 박테리오파지이므로 이것에 관해 설명하기로 하자.

박테리오파지에도 여러 종류가 있는데 그것들의 구조는 한결같지 않다. 한 가지 형으로는 〈그림 18〉에서 볼 수 있듯이 올챙이 같은 꼴을 한 단백질의 막으로 감싸인 핵산이다.

박테리오파지가 세균에 달라붙을 때는 상대를 고른다. 이를테면 대장균에 기생하여 번식하는 박테리오파지는 대장균에는 달라붙지만, 그 밖의 세균에는 달라붙지 않는다. 결핵균에도 폐렴균에도 달라붙지 않는다.

이 상대를 고르는 작업은 단백질의 역할이다.

박테리오파지가 동그란 주머니 부분으로 세균에 달라붙었을 경우에는 아무 일도 일어나지 않는다. 가느다란 주걱 끝으로 달라붙었을 때만 번식이 시작된다. 즉 박테리오파지의 주걱 끝이 녹고, 세균도 그 부분의 막이 녹아서 박테리오파지와 세균 사이에 통로가 생긴다.

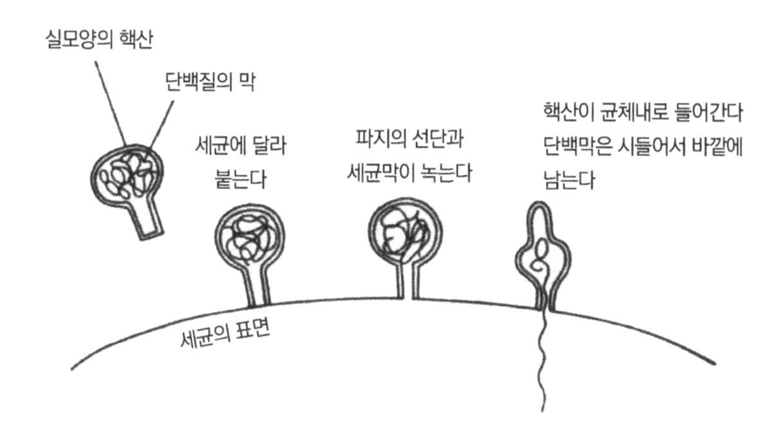

그림 18 | 박테리오파지 번식의 초기 단계

박테리오파지의 핵산은 그곳을 통해 세균의 몸속으로 흘러들어 간다. 단백질주머니는 세균의 표면에 머무른 채 시들어 버린다. 단백막은 핵산을 세균의 내부로 넣어 보내기 위한 주사기의 구실을 하는 셈이다.

동물에 기생하는 바이러스

동물에 기생하는 바이러스와 동물세포가 만나는 상태는 도무지 분명치가 않다. 동물세포의 표면은 결코 고무풍선처럼 평평하지 않다. 세포막의 여기저기가 끊임없이 튀어나오거나 우묵하게 들어가 있다. 그 때문에 바이러스가 어디에 어떻게 달라붙는지 무척 알기가 힘들다.

전자현미경 사진으로 관찰하면, 동물에 기생하는 바이러스의 백시니아 바이러스는 박테리오파지와는 달리 바이러스 입자가 통째로 세포질

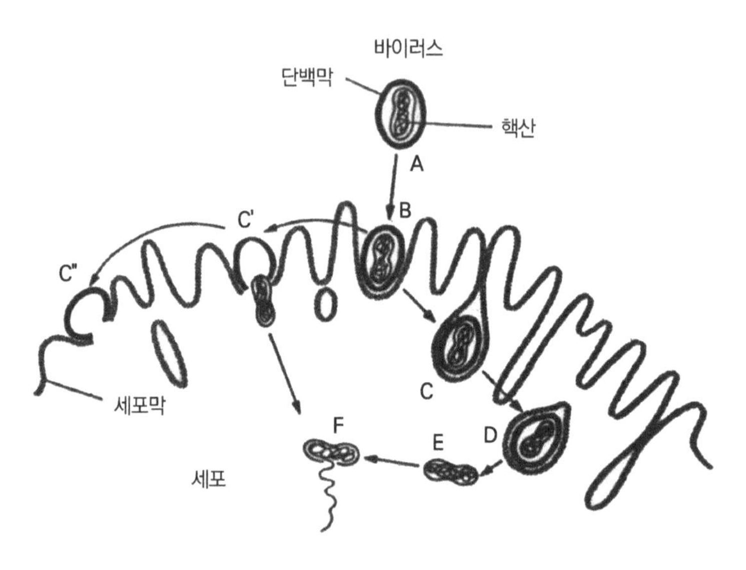

그림 19 | 백시니아 바이러스 번식의 초기 단계

속으로 끌려들어 가버린 듯한 모습을 이따금 볼 수 있다. 이를테면 〈그림 19〉의 C이다. 그러나 이것은 바이러스가 정말로 세포 내부에 파묻혀 버린 것일까. 차분히 생각해 보기로 하자.

먼저 바이러스(〈그림 19〉의 A)가 세포의 표면에 접촉한다(B). 그 부분이 우묵하게 패였을 경우나, 처음에는 야트막했더라도 바이러스가 달라붙어서 더 깊게 우묵해졌을 경우에는 C처럼 된다.

이때 주의해야 할 것은 전자현미경용의 절편(切片) 표본은 3차원적인 물체의 어느 한 평면을 관찰하는 데 지나지 않는다는 점이다.

이를테면 원통형의 것은 그것을 자르는 방향에 따라 원형으로 보이거나 타원형으로 보이거나 두 가닥의 평행선으로 보인다. 세포 표면의 들쭉날쭉은 입체적이고 복잡하며 불규칙하기 때문에 자르는 방향에 따라서 C는 D와 같은 단면이 되는 수도 있다.

우묵한 곳과 표면과의 연결이 실제로 끊어져서 바이러스가 세포질의 깊은 곳으로 가라앉는 경우도 있을 것이다.

어느 쪽이든 간에 이 경우 바이러스가 존재하는 위치는 세포의 내부일까. 바이러스가 세포질 속에 묻혀 있는 듯 보이지만 사실은 세포막에 감싸여 있다. 세포막에 의해 세포질과는 격리되어 있다. 세포질 속에서 볼 것 같으면, 바이러스는 아직도 세포막 저편에 머물러 있다. 그러므로 바이러스는 이 시기에는 겉보기와는 달리 세포의 외표(外表)에 접착해 있을

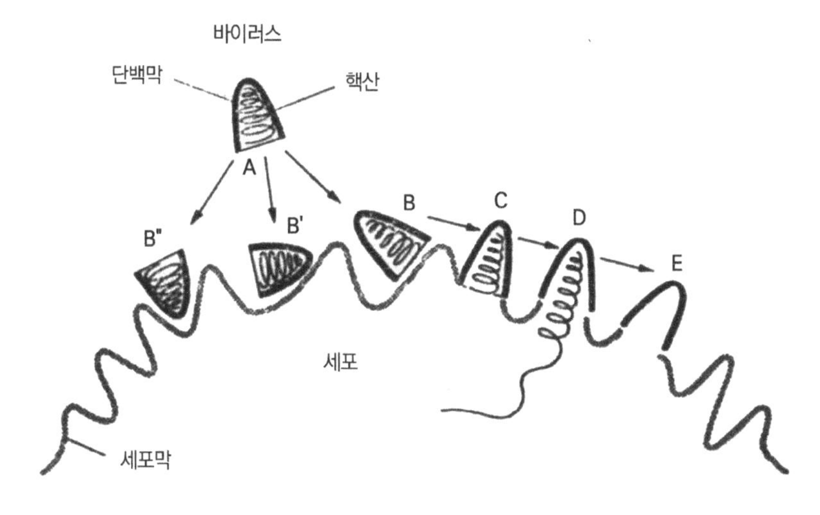

그림 20 | 광견병 바이러스 번식의 초기 단계

뿐이다. 이 점에서는 박테리오파지의 경우와 본질적으로는 같다.

그러면 다음 단계에서는 어떤 일이 일어날까. 이것에 대해서는 잘 알려지지 않았다. 갑자기 핵산 덩어리가 세포질의 내부에 나타나는데(E), 이렇게 되기 전에 어떤 일이 일어났는지 잘 모른다.

어쩌면 바이러스가 세포의 표면에 접착한 뒤, C′처럼 바이러스의 외막(外膜)과 세포막의 양쪽에 구멍이 뚫려 거기서부터 핵산뭉치가 빠져나가 세포질 안으로 들어가는 경우도 있지 않을까.

실제로 전자현미경 사진에서는 C″와 같이 바이러스의 주머니만 세포 표면에 남아 있는 것을 흔히 볼 수 있다. 마찬가지로 바이러스가 세포막에 감싸인 채로 세포질의 이 패인 부분에 가라앉은 경우에도 일어나는 것이 아닐까.

본질적으로는 같은 일을 다른 형태의 바이러스에서도 볼 수 있다. 광견병 바이러스는 총알 같은 모양을 한다(〈그림 20〉의 A). 외표는 단백질로 되어 있으나 뾰족하지 않은 쪽의 끝부분은 전자현미경으로는 또렷하게 보이지 않는다. 내부에는 핵산이 나선 상태로 되어 들어 있다.

바이러스가 뾰족하지 않은 쪽의 끝부분으로 동물세포에 접착하면(B), 바이러스의 단백막과 숙주의 세포막이 녹아(C), 핵산이 세포 안으로 흘러 들어간다(D). 그리고 뒤에는 빈 껍질로 된 총알만 남는다(E).

광견병 바이러스가 세포에 접착할 때 가로로 눕거나(B′), 곤두서거나(B″) 하면 바이러스의 평평한 쪽 끝이 세포막과 밀착하여 함께 녹아버리는 일이 일어나지 않기 때문에 핵산은 세포의 내부로 흘러 들어갈 수가 없다. 이와 같은 사정은 전자현미경의 상(像)으로부터 읽어낼 수 있다.

어쨌든 간에 바이러스가 숙주세포에 달라붙으면 핵산은 단백질의 코트를 벗어 던지고 알몸이 된다. 이 시기에는 숙주세포 속의 어디를 찾아보아도 온전한 형태를 한 바이러스는 발견되지 않는다.

생명이란?

이런 상태의 것을 생물이라 일컬어도 될까. 생명이라고 일컬어야 할 것은 어디로 갔을까. 핵산으로 갔을까, 단백질로 갔을까. 생명이란 무엇을 말하는 것일까. 생명이란 단순한 말, 단순한 개념일 뿐 따로 실체(實體)가 없는 것은 아닐까 하는 등의 의문이 연달아 생긴다.

이러한 소박한 의문은 단순한 것처럼 보이지만, 이 물음에 과연 명쾌하게 대답할 수 있을까. 살아 있다는 것은 어떤 상태를 말하는가, 살아 있는 것과 살아 있지 않다는 것과는 무엇이 다를까. 우리는 평소에 생물과 무생물을 식별하는 것이 문제없는 일이라고 생각한다. 그러나 그것은 일상생활의 필요에 응하기 위해 극히 대범한 식별을 하는 데 지나지 않는다.

순수하게 과학적인 말로 엄밀하게 정의하려면 이것은 불가능하다는 것을 깨닫게 된다. 그것은 즉 현대의 물리학이나 화학은 생물현상의 근소한 부분에 대해 그것도 아주 조금 아는 것에 지나지 않기 때문이다.

'생명'이라고 하는 심각한 개념을 과학적인 말로 정확하게 정의하기 위해서는 아찔할 만큼 대량의 지식이 필요할 것이다. 경우에 따라서는 많은 사실이 밝혀짐에 따라 '생명'을 과학적으로 정의한다는 것은 불가능하다든가, 정의할 필요가 없다든가, '생명이란 무엇이냐'는 명제는 아예 과학적인 명제가 되지 않는다고 할지도 모른다.

어쩐지 철학(哲學)의 미로(迷路) 속으로 발을 들여놓은 듯해서 미안하다. 생물학의 세계로 되돌아가기로 하자.

바이러스의 신생(新生)

그런데 앞에서 말했듯이 바이러스가 숙주세포에 달라붙은 다음, 산 바이러스의 모습이 일단 사라져버리는 시기가 있다. 이 시기에 바이러스의 핵산이 암약(暗躍)하여 자신의 몸을 구축하기 위한 자재를 숙주세포에게 만들게 한다.

즉 바이러스핵산과 바이러스단백이 숙주세포 내의 별개의 곳에서 합성된다. 그리고 이 소재들이 조립되어 새로운 바이러스 입자가 만들어진다. 하나의 세포 속에서 일시에 수십 개, 수백 개나 되는 바이러스가 탄생한다. 세균은 하나가 쪼개져서 두 개가 됨으로써 자손이 증식하지만, 그것과는 상태가 전혀 다르다.

새로이 만들어진 바이러스는 산모인 숙주세포를 깨뜨리고 주위로 흩어지는 경우도 있고, 세포를 깨뜨리지 않고서 바이러스가 세포막을 빠져나가 바깥으로 나가는 경우도 있다.

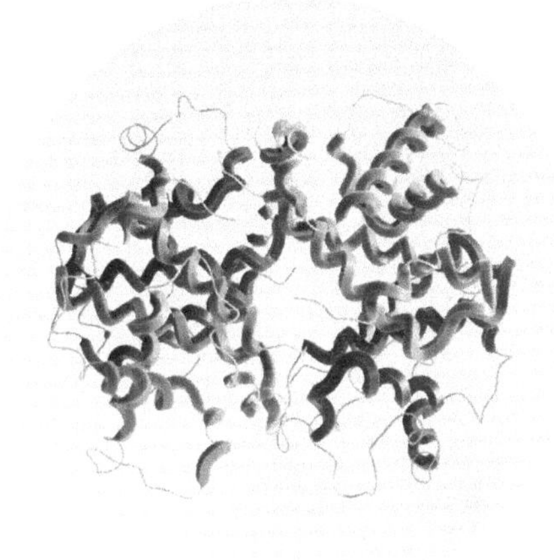

4장

IF는 바이러스에 어떻게 작용하는가

4

IF는 바이러스에 어떻게 작용하는가

바이러스의 삶과 죽음이란?

살균약이 세균을 죽이듯이 IF가 바이러스를 죽이느냐는 문제를 생각해 보고 싶은데, 바이러스가 살아 있느냐, 죽었느냐를 식별할 수가 없다. 아니 이렇게 말하기보다는 「바이러스의 번식」의 항목에서 언급한 것처럼 어떤 상태에 있는 바이러스를 살아 있다고 하고, 어떤 상태의 것을 죽었다고 해야 할지를 잘 모르겠다.

첫째, 살아 있는 바이러스의 형태나 색깔, 움직임을 볼 수가 없다. 바이러스는 작아서 광학현미경으로는 보이지 않는 것이 보통이지만 전자현미경이라면 보인다. 그러나 전자현미경으로 보려면, 상당히 격렬한 처치를 취해야 하므로 살아 있는 모습은 볼 수가 없다.

가능한 방법이라고 한다면 번식하느냐 않느냐를 조사하는 것이다. 바이러스를 번식시켜 봐서 번식하면 살아 있었다고 하는 수밖에 없다. 고등한 동식물에서는 번식은 하지 않지만 살아 있다는 상태가 얼마든지 있는데, 바이러스에서는 그 생사를 직접 식별할 방법이 없으므로, 번식력의 유무를 임시로 생사의 가늠으로 삼는 셈이다.

그림 21 | 바이러스의 생사라는 것은?

그런데 IF와 바이러스를 시험관 속에서 혼합하더라도 바이러스는 죽지 않는다. 어떤 종류의 바이러스도 마찬가지이다. 즉 IF는 바이러스의 독이 아니다. 바이러스를 죽이는 약이 아니다.

그렇다면 IF는 바이러스에 대해 어떻게 작용할까.

숙주세포에의 작용

결핵균이나 대장균 등 모든 세균류는 주위에 영양분만 있으면 그것을 섭취하여 시험관 속에서도, 고등생물의 체내에서도 자신의 힘으로 몸을 둘로 쪼개 개체의 수를 증식한다. 이것에 반하여 바이러스는 주위에 영양분이 아무리 많이 있더라도 자력으로는 번식하지 못한다. 숙주세포에 완전히 기생해 번식한다.

IF는 바이러스의 이 번식 작업을 억제한다. 이 경우 IF는 바이러스에 작용하는 것이 아니라 숙주세포 쪽에 작용한다. 어떻게 작용하느냐 하면 리보솜이 바이러스로부터 오는 지령을 받아들이지 않는 것이라고 지금까지는 생각했다.

지령을 내린다는 것은 구체적으로 바이러스의 핵산이 리보솜의 표면에 접착하여 단백질의 합성을 지도하는 것이다. 핵산의 구조는 단백질을 만들어 낼 때의 아미노산의 배열방식을 가르쳐 주는 암호와 같은 것이다. 암호라면 그것을 활용하기 위해서는 해독하지 않으면 안 된다. 이 암호해독을 IF가 방해하는 것이라고 말한 적도 있었고, 아니 그보다 전에 핵산이 리보솜에 접착하는 것을 방해하는 것이라고 말한 적도 있었다.

그런데 최근의 연구에 따르면 IF는 리보솜의 지령을 받아들여 처리하는 기구에 관여하는 것이 아닐지도 모른다. IF의 작용을 받은 세포는 바이러스로부터 지령된 핵산을 재빨리 분해해 버리는 것이라고 한다. 그리고 그것은 핵산 분해효소의 작용이 갑자기 활발해지기 때문인 것 같다고 한다. 이 설에 대해서는 이론도 있어 혼란을 빚고 있다. 어쨌든 IF의 작용을 받은 세포에서는 바이러스로부터 내려온 단백 합성 지령이 불발탄으로 끝난다는 것은 거의 확실하다.

IF는 바이러스의 번식을 위한 에너지원을 끊어 버리는가

바이러스의 번식을 IF가 억제하는 작용은 생물학적인 입장에서는 숙주세포의 리보솜이 바이러스로부터의 지령을 받지 않도록 하는 것에 의한 것으로 생각된다. 그렇다면 생화학적으로 보면 어떤 메커니즘에 의하는 것일까.

세포 속에서는 산화적 인산화(酸化的 燐酸化)라 불리는 작업을 영위하는데, IF가 이것을 방해한다고 주장한 사람들이 있다. 산화적 인산화란 다음과 같은 것이다.

세포는 세포로서의 활동을 하는 데 필요한 에너지를 만든다. 그 때문에 원형질 속에 있는 미토콘드리아라는 과립(그림 17)으로 당을 분해한다. 당은 분해되어 최종적으로는 탄산가스와 물이 되는데, 당이 가졌던 에너지가 분해 도중에서 자유롭게 된다.

에너지는 곧 사용되지 않을 경우에는 저장된다. 즉 그 에너지를 투입하여 아데노신2중인산(ADP)에 인산 한 개를 결합한다. 즉 ADP를 아데노신3중인산(ATP)으로 개조한다. ATP는 에너지의 저장고로서 세포가 어떤 일을 하려 할 때 ATP로부터 인산을 한 개 빼내면 에너지는 자유가 된다. 이때 ATP는 본래의 ADP로 되돌아간다.

그런데 당의 분해, 즉 '산화(酸化)'라는 작업과 ADP에 인산을 결합하는 일, 즉 '인산화'라는 작업은 연동(連動)한다.

세포가 어떤 일을 하려 할 때 ATP로부터 인산을 한 개 빼내 ADP로 변함으로써 얻는 자유에너지를 사용한다. 이렇게 해서 ATP가 줄어들면, 그것이 자극이 되어 '산화'작용이 시동한다. 그것에 의해 생기는 에너지는 '인산화'에 의해 ATP에 저장된다. ATP가 충분히 불어나면 '산화'는 자동적

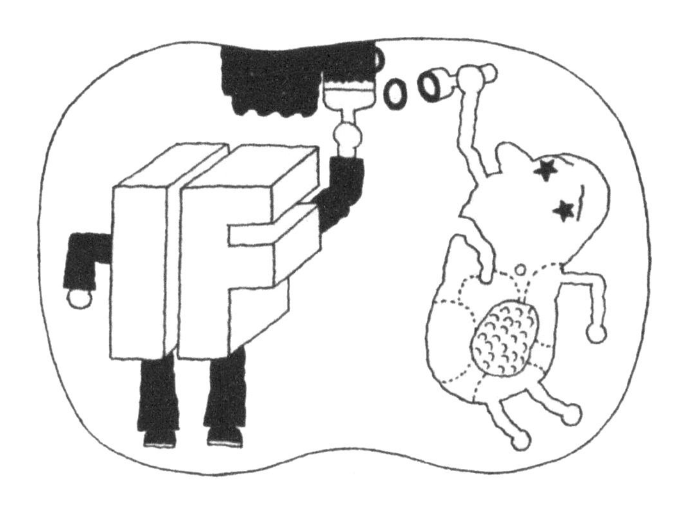

그림 22 | IF라면 바이러스를 퇴치할 수 있다

으로 멎는다.

이와 같이 '산화'와 '인산화'는 긴밀한 팀을 짜고 진행하기 때문에 이 두 반응을 합쳐서 산화적 인산화라 부른다.

이 공액반응(共軛反應)은 신경이나 호르몬의 지배를 받지 않고 자율적으로 영위된다. 완전한 자동화다.

앞에서 말한 설이라는 것은 이 연동을 IF가 단절해 버린다고 주장하는 것이다. 당이 분해되더라도 인산화가 이루어지지 않고 따라서 에너지원이 축적되지 않기 때문에 바이러스 성분의 합성에 필요한 에너지가 부족하다고 주장한다.

이것은 실험적인 뒷받침이 전혀 없는 탁상공론에 지나지 않는다. 또 그것이 근거하는 사항의 해석에도 몇 가지 착오와 단락이 있다. 필자는 이렇게 생각했는데 각국의 저명한 학자들은 이 설에 박수를 보냈다.

필자는 산화적 인산화의 전문가들의 협력을 얻어 IF가 정말로 산화적 인산화의 탈공액제(脫共軛劑)인지 어떤지를 알아보기 위해 실험을 했다. 그리고 IF는 실제로 일종의 탈공액제라는 사실을 증명했다.

그런데 생체 내에서는 IF는 바이러스의 번식을 억제할 때도, 탈공액작용을 영위하지 않는 일도 있다는 것을 발견했다.

이렇게 해서 IF의 바이러스 억제작용의 화학적 메커니즘을 산화적 인산화의 탈공액에 돌릴 수는 없다는 것을 알았다.

세균류는 인체의 내부에 침입한 뒤에도 화학요법제나 항생물질로 격멸할 수 있으나, 바이러스에 대해서는 지금까지 손을 쓸 방법이 없었다. 그 주된 원인은 바이러스가 맹위를 떨치는 무대가 숙주의 세포 내부이고 거기에는 약제가 들어가지 못한다는 것과 또 들어갈 수 있는 경우라도 바이러스를 죽이는 동시에 숙주세포마저도 파괴하기 때문이었다. 그러므로 바이러스병을 약으로 고친다는 것은 절망적이었다.

그런데 IF는 바이러스가 숙주세포의 내부가 아니면 번식하지 못한다는 것을 거꾸로 이용하여 숙주세포를 개조함으로써 숙주세포가 바이러스에 이용되지 못하게 한다. 더군다나 세포에는 해를 끼치지 않는다.

이처럼 바이러스병의 치료는 IF에 의해 비로소 가능하게 되었다.

IF는 어떤 바이러스에도 듣는다

홍역의 백신은 홍역 예방만 가능하다. 그것은 홍역 바이러스의 주사에 반응하여 인체가 생산하는 항체는 홍역 바이러스하고만 결합하기 때문이다. 즉 면역에는 특이성이라는 성질이 있기 때문이다.

페니실린이나 스트렙토마이신 등 기타 항생물질의 효력에는 백신처럼 엄격한 제한은 없으나, 한 종류의 항생물질작용은 일정한 종류의 세균에만 작용한다. 항체건 항생물질이건 바이러스 또는 세균에 직접으로 결합하여 작용을 발휘하는 것이므로 상대의 미생물의 성질에 따라 잘 듣기도 하고 잘 듣지 않기도 한다.

이에 반해 IF는 바이러스에 직접 작용하는 것이 아니고, 바이러스에 있어서 유일한 번식처인 숙주세포에 작용한다. IF의 작용을 받은 세포에서는 어떤 종류의 바이러스로부터의 지령도 불발로 끝난다.

그러므로 IF의 효과는 어떤 종류의 바이러스에 대해서도 발휘된다. 백신이나 항생물질의 유효범위를 더불어 생각한다면 IF의 항바이러스작용이 상대를 선택하지 않는다는 것은 큰 이점이다.

IF의 작용을 받은 세포는 어째서 바이러스로부터의 지령을 받아들이지 않는지 정확하게는 알지 못한다. 그러나 세포 내부의 여러 부분에는 해를 끼치지 않고, 핵심적인 한 점만을 처리한다. 세포는 바이러스의 번식을 거부한다는 점만 제외하면 형태상으로나 작용상으로나 아무런 변화도 없이 건재하다. 즉 약에 수반되기 마련인 부작용이란 것이 없다. 전혀 없다고 말해도 된다.

IF는 바이러스 이외의 미생물에도 작용하는가?

IF는 바이러스 이외의 미생물에도 작용한다. 안질(눈병)을 일으키는 트라코마라는 미생물이 속하는 크로미디아류는 바이러스와 세균 양쪽을 다 닮은 미생물로 이것은 숙주세포 속이 아니면 번식하지 않는다. 개선충병(옴벌레병)을 일으키는 미생물을 함유하는 리케치아류, 또 말라리아를 일으키는 원충(原虫)도 숙주세포 안에서 번식한다.

IF는 이들의 숙주세포 내의 번식마저 억제한다.

대개의 세균은 생체 속으로 들어간 뒤에도 세포 바깥에서 번식한다. 매크로파지에 포착되면 죽임을 당하는 세균이 많으나 기병력(起病力)이 특히 강한 세균은 매크로파지의 내부로 끌려 들어가도 죽지 않을 뿐만 아니라, 거기서 번식하여 거꾸로 매크로파지를 파괴하는 경우가 있다.

결핵균 중 약한 독주(毒株)는 매크로파지에 잡히면 죽임을 당하지만, 강한 독주는 매크로파지 안에서 번식한다. 우리의 실험에 따르면 IF를 작용하면 매크로파지 내에서 결핵균의 번식은 억제된다(그림 23).

이 결과를 보고했을 때는 사실만을 말하고, IF가 어떤 메커니즘으로 결핵균의 번식을 억제하느냐는 문제에는 개입하지 않았지만, 당시 머릿속에서는 바이러스의 경우와 마찬가지로 IF는 결핵균을 죽이는 것이 아니라,

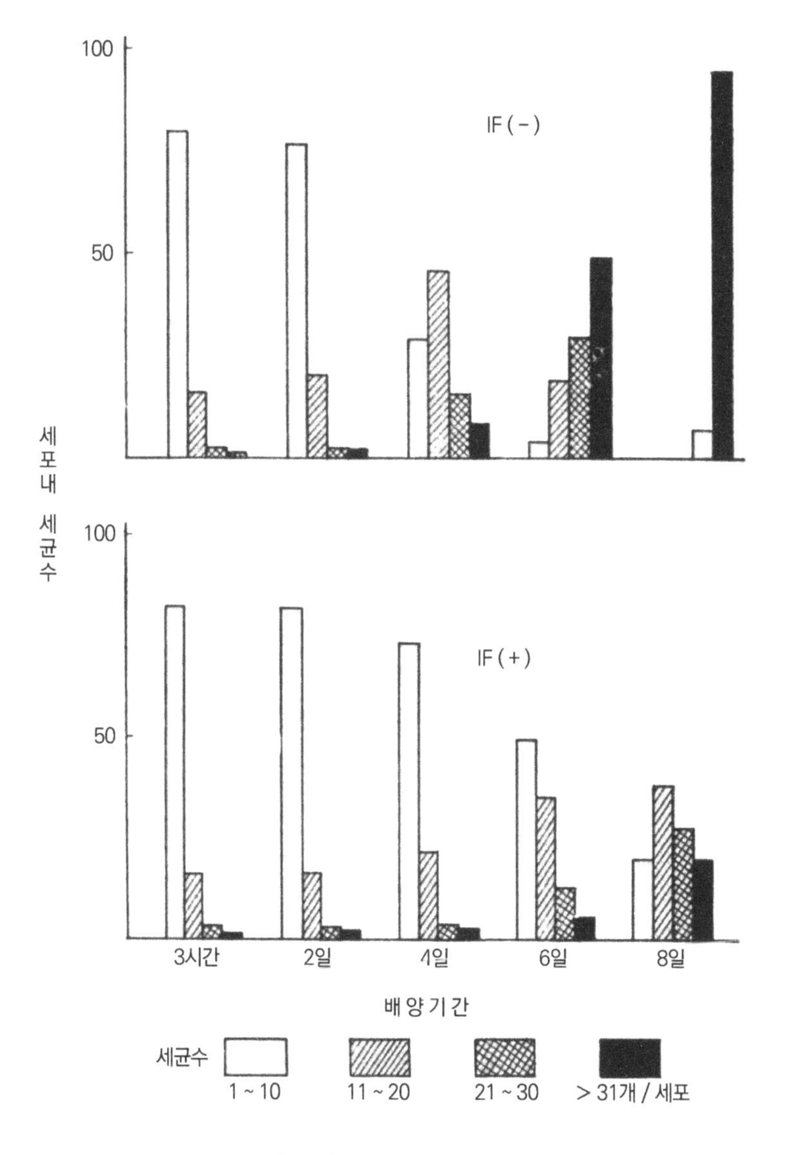

그림 23 | 결핵균 증식에 미치는 IF의 작용

분열증식을 억제하는 것이라고 생각했다. 그러나 과연 그럴까.

논문에는 번식이 억제된다고 쓰기는 했지만, IF를 투여하지 않을 때는 한 개의 세균이 분할해서 두 개가 되는 광경을 활발하게 볼 수 있는 데 반해, IF를 투여하면 그것을 볼 수 없게 된다는 것을 직접 관찰한 것은 아니었다. 세포 안에 보이는 세균의 수를 나날이 세어 보았더니 IF를 투여했을 때는 그 수의 증식 상태가 적었었다는 것일 뿐이다.

세균은 배양액 속에서 자력으로 번식한다. 숙주세포 속에 들어갔다고 해서 이 번식력이 없어지지는 않을 것이다. 그렇다면 IF가 숙주세포의 어딘가에 작용하여 구조를 변경하더라도 결핵균에는 아무 영향도 없을 것이다.

IF가 매크로파지의 포식력(捕食力)을 강화한다는 것은 잘 알려진 사실이며, 이 경우에도 결핵균을 용해, 소화하는 힘이 강해져 있을 것이다. 즉 살균력이 강해졌을 것이다. 그러므로 IF의 작용을 받은 매크로파지의 내부에서 결핵균의 수가 그다지 불어나지 않는 것은 자꾸만 살균되기 때문이라는 것일지도 모른다.

바이러스의 경우부터 조심성 없이 유추해서 세균도 죽임을 당하는 것이 아니라 분열증식이 억제되는 것이라고 생각하는 것은 십중팔구 오류일 것이다.

IF는 어떤 동물의 체내에서도 효과를 나타내는가?

면역항체는 이를테면, 말의 몸에서 만들어진 항체는 이것을 인체나 쥐에 주사해도 효과를 발휘한다.

필자는 IF 연구를 시작했을 무렵, 닭이 만든 IF는 토끼에게는 그다지 효과가 없으므로(표 6), 이것은 면역과는 별개의 것으로 생각했었다(1954).

그 후 달걀이 만든 IF는 소에게는 듣지 않으며, 소의 IF는 달걀에는 효험이 없다는 것을 관찰한 사람이 있다. 그는 "IF의 효과는 동물의 종마다 특유하다, 즉 종특이적(種特異的)이다"라고 말했다.

그러나 소와 닭은 종(species)은 커녕, 속(genus)도 과(family)도 목(order)도 건너뛰어 강(class)마저 다르다. 공통점이라고 한다면 양쪽 모두 척추동물이라는 것 정도다(표 7). 그러므로 소와 닭의 실험결과로부터 IF는 종이 다른 동물에서는 효과가 없다고 생각하는 것은 너무 비약적이다.

백신의 유래	백신 희석			
	1	10	30	100
토끼	+*	+	+	+
닭	+	−	−	−

표 6 | 활백신의 '억제' 효과의 동물종 의존성

토끼 피부에서의 '억제' 시험

*+ : 유효, − : 무효

—IF 분자 중에서 IF의 작용 자체를 담당하는 원자단(原子團)은 어떤 종류의 동물이 만든 IF에서도 같다. 그것에 반해 IF가 그 효과를 발휘하려고 세포에 달라붙을 때 안내를 하는 원자단은 IF가 만든 동물의 종류에 따라 다르며 IF는 그 본래의 동물세포에 달라붙기 쉽다.

원인은 몰라도 종류가 다른 동물에서는 IF의 효력이 약하다는 것은 바꿀 수 없는 사실이어서 이것은 실제로는 불편한 일이다.

왜냐하면 인간에게 주사하기 위한 IF는 인간의 세포에서 만든 것이 아니면 안 되기 때문이다. 설마 IF 제조용으로 사람의 몸을 빌릴 수는 없으므로 인간의 세포를 인공적으로 배양하여 증식하지 않으면 안 된다. 그것이 여간 어렵지 않기 때문에 공업적 생산이 지연된다.

가령, 다른 동물의 세포에 만들게 한 IF가 인간에게 유효하다고 하더라도 그것은 그런대로 곤란한 점이 있다. IF를 대량으로 제조하게 된다면 동물의 세포를 커다란 병이나 탱크에 영양액을 넣고 그 속에서 번식하게 된다. 그리고 적당한 자극을 주면 세포는 IF를 만들어 영양액 속으로 방출한다. 그 액으로부터 세포를 제

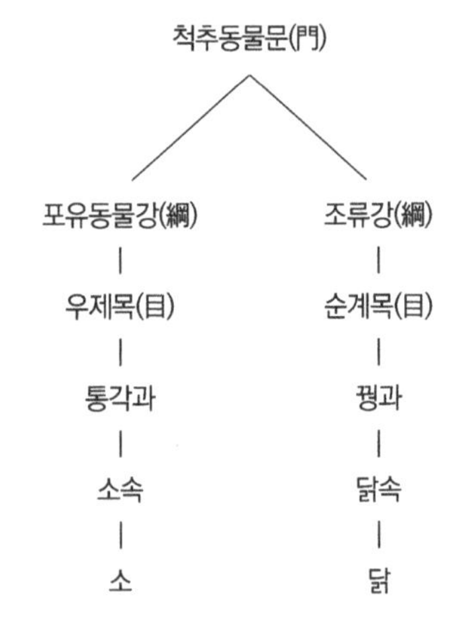

표 7 | 소와 닭의 동물 분류상의 위치

거하는데 나머지 액체 속에는 세포가 파괴된 것, 세포성분이 녹아 나온 것, 그리고 세포를 잘 증식하기 위해 영양액에 가하는 소의 혈청 등, 이종동물의 단백질이 포함되어 있다. 그러한 불순물과 IF를 완전히 분리한다는 것은 무척 어렵다.

만약 이종동물의 단백질을 포함한 것을 인체에 주사하면 「면역」의 항목에서 설명했듯이 인체는 그것에 대해 이상하게 민감해져서 두 번째, 세 번째의 주사 때는 심한 발작을 일으켜 생명과도 관계되는 결과를 초래할 우려가 있다.

인간의 세포성분이라면 조금 섞여 있더라도 심한 부작용을 일으킬 염려는 없으므로 현재로는 인간의 세포를 대량으로 번식해 그것에다 IF를 만드는 것이 가장 실질적이다.

IF의 효용 한계

바이러스가 자신의 몸을 조립하기 위한 자재의 합성을 숙주세포의 리보솜에 지령하기 전에 숙주세포를 모두 IF로 처치해 두면, 바이러스의 번식을 막을 수 있을 것이다. 그러나 바이러스병의 환자가 병원에 올 때 환자의 세포는 이미 바이러스의 지령을 따라 바이러스의 번식을 거든다. 그러므로 IF는 충분한 작용을 할 수가 없다.

그렇다면 IF가 작용할 여지가 전혀 없는 것이냐고 하면 그렇지는 않다.

처음에 외계로부터 인체로 침입하는 바이러스의 수라는 것은 뻔한 것이므로 그 바이러스가 노리는 장기(臟器), 이를테면 광견병 바이러스라면 뇌에, 황열 바이러스라면 간장의 세포 전체에 한꺼번에 지령을 내릴 수는 없다. 몇 개의 세포에 지령을 내릴 뿐이다. 그 세포에서 번식한 바이러스가 세포에서 나와 근처의 세포에 지령을 내리고, 이렇게 2차, 3차로 지령을 내려 번식한다.

그러므로 질병 초기에 대다수의 세포는 바이러스로부터 지령을 받지 않는다. 그러므로 IF가 활약할 여지가 있다.

실제로, 인플루엔자가 유행할 때 미리 IF를 코에 뿜어두면 감염을 면하는 사람이 많았다든가, 눈의 바이러스성 각막염에 IF를 직접 점안(點眼)하면 빨리 나았다든가 하는 여러 가지 치험례(治驗例)가 보고되어 있다. 그러나 인체용 IF의 대량생산이 아직 궤도에 오르지 못한 점도 있고 해서 통계처리를 할 만한 정도의 확고한 성적이 그다지 없다는 것이 현재 상황이다.

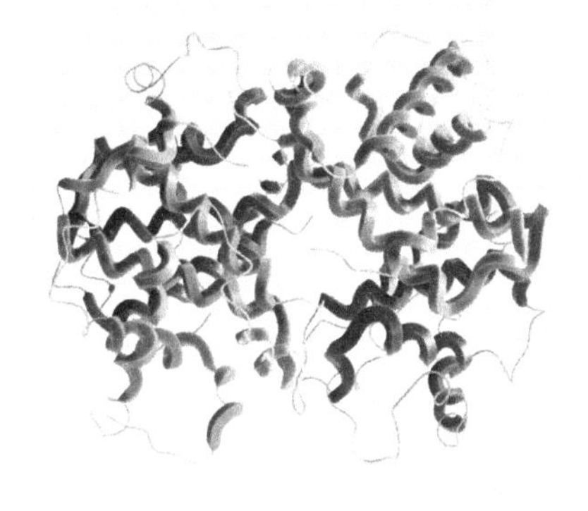

5장

지금까지의 암 치료법

5

지금까지의 암 치료법

암이란 무엇인가?

암(癌)이란 정상세포와는 다른 세포 덩어리이다. 그러나 암세포는 비정상적인 존재이기는 하나 바이러스나 세균과는 달라서 외부로부터 침입해 오는 것도 아니고, 체내에 이질적인 것이 솟아 나온 것도 아니다. 본래 신체의 한 부분이었던 정상세포가 변조(變調)를 가져온 것이다.

어떻게 바뀌었나 하면 미숙하고 무능력한 상태인 채로 무제한 증식을 계속하는 세포가 된 것이다(그림 24).

변조의 방아쇠 구실을 하는 것으로는 방사선, 담배, 여러 가지 발암물질이라 일컬어지는 것을 들 수 있으나, 변조를 일으키는 직접적인 동인(動因)과 구체적인 메커니즘은 알지 못한다.

원인이야 무엇이든 간에, 암으로 화한 세포는 몸에 도움이 될 일은 아무것도 하지 않는 주제에 영양분은 어김없이 섭취하여 무제한으로 분열을 되풀이해 수를 불린다. 그리고 아무 데나 퍼져나가 건강한 부분을 밀어내거나 파괴한다. 말하자면 사자 몸속의 벌레인 셈이다.

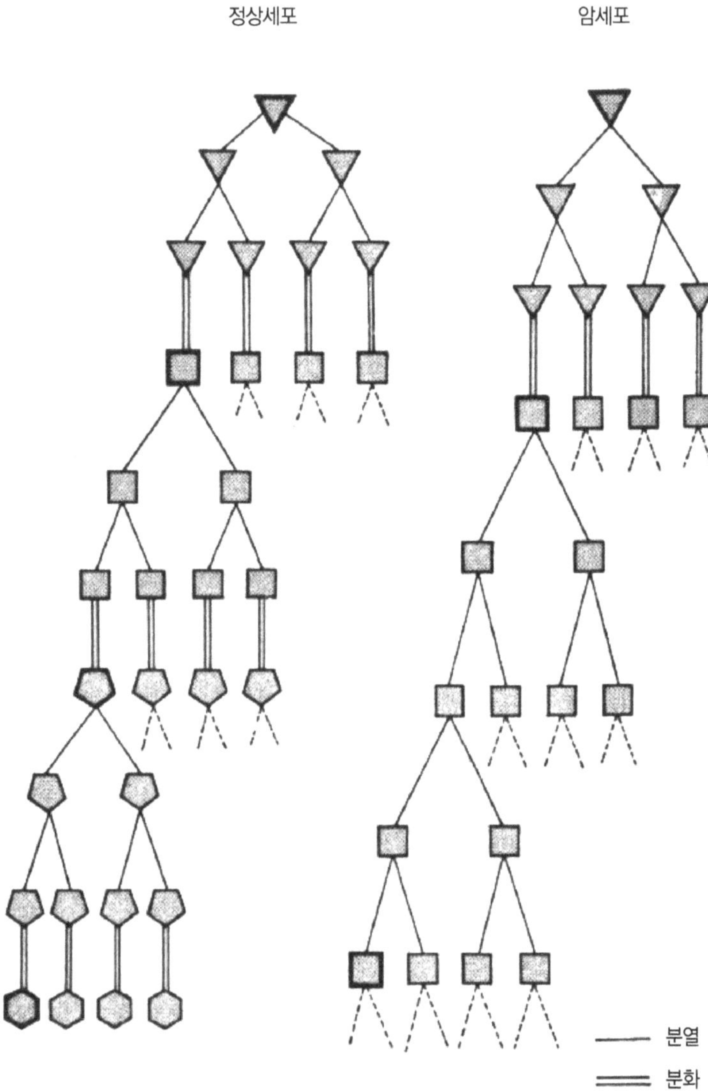

정상세포 암세포

분열

분화

그림 24 | 정상세포와 암세포의 분열과 분화

암을 고치려고 지금까지 여러 가지 방법을 시도해 왔다.

메스로 잘라내다

수술해서 암을 제거하는 것이 가장 간단명료하다. 실제로 외과적으로 잘라냄으로써 암을 완쾌시킨 예가 아주 많다. 다만 우리 몸에는 메스가 닿지 않는 곳이 있다. 닿는다고 해도 상처를 내면 생명에 바로 지장을 주는 곳도 있다. 또 암이 사방으로 전이되어 들어낼 수 없는 경우도 있다.

건강한 세포는 저마다의 위치에 정착해 있다. 전신을 돌아다니는 혈구는 별개로 하고, 보통은 함부로 이동하는 일이 없다. 그러나 암세포는 둘로 갈라져서 수를 늘리는 일에만 열중하고, 이웃과는 손을 잡으려 하지 않고 흩어지기 쉽다.

더군다나 세포의 분열이 맹렬한 스피드로 반복되는 악질적인 암의 경우에는 세포가 덩어리로부터 떨어져 나가기 쉽고, 떨어져 나간 세포는 혈액이나 림프액, 조직액으로 운반되어 다른 곳으로 흘러가 달라붙은 뒤 그곳에서 다시 분열하고 증식하여 새로운 암을 만든다.

크기가 작을 때는 육안으로는 보이지 않으며, 보이더라도 모조리 잘라내기는 매우 어렵다. 그러므로 암이 사방으로 전이되기 전에 잘라내야 한다. 그러기 위해서는 이른 시기에 암을 발견해야 한다. 본인은 건강하다고 생각하더라도 정기적으로 검진을 받는 것이 중요하다.

그러나 유감스럽게도 조기진단의 역량에는 한계가 있다. 신체의 어딘가에 암세포가 존재한다는 것은, 설사 암세포가 단 하나뿐이더라도 위험한 일이지만, 뢴트겐 사진에는 1,000개나 10,000개의 세포 덩어리는 비치지 않는다. 암세포가 적어도 100억 개가 모여 있지 않으면 암을 의심할 만한 여지를 주지 않는다. 뢴트겐 사진 이외의 각종 시험도 암세포가 상당한 수로 증식하지 않으면 반응하지 않는다.

그러므로 조기에 발견하고 수술해서 맨눈으로 보이는 환부는 물론, 의심스러운 곳도 모조리 잘라내 버린 듯이 보이는 경우에도 극히 작은 암세포 집단이 이미 사방으로 흩어져 있어 몇 해가 지난 뒤에 큰 암이 되는 경우가 많다.

방사선으로 태운다

방사선은 세포를 죽이는 힘이 강하다. 더군다나 암세포는 건강한 세포보다 쉽게 죽일 수 있다. 또 방사선은 메스가 닿지 않는 깊숙한 곳에도 닿는다. 또한 방사선은 치료 도중에 조직에 해를 끼치지 않고 목표에만 작용하게 할 수 있다. 외과수술로 잘라낼 수 있는 곳은 잘라내고, 잘라내지 못한 곳에는 방사선으로 치료한다. 혹은 수술을 하지 않고 방사선만 쬐는 것만으로도 효과를 나타내는 경우도 있다.

세포 중에서도 암세포는 특히 방사선에 민감하다고 말했지만, 건강한

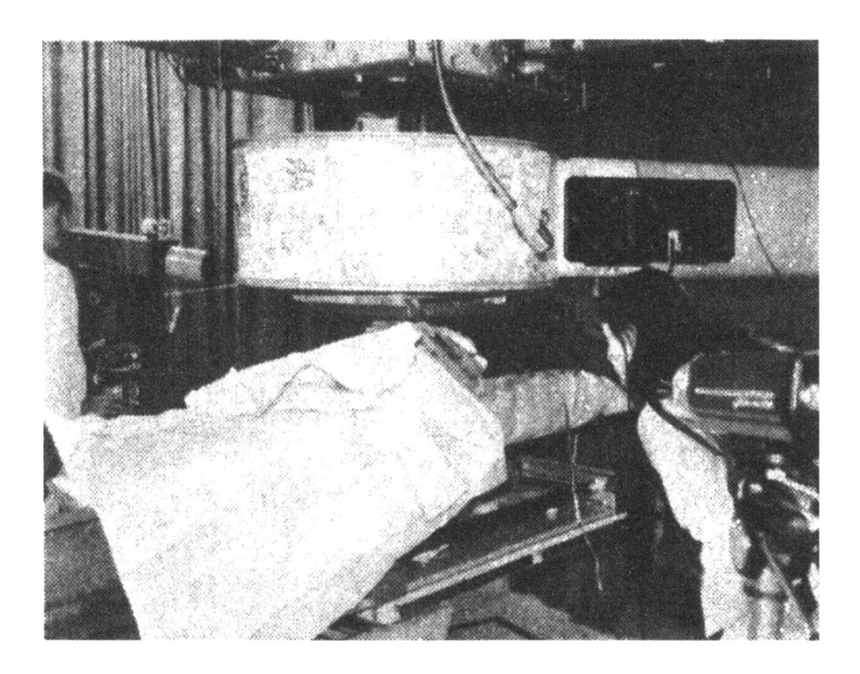

그림 25 | 방사선을 이용한 암 치료

세포라도 활발하게 분열하여 증식하는 세포는 방사선에 약하다. 어른의 신체에서 특히 분열이 활발한 세포의 대표적인 것은 혈구의 전신(前身)에 해당하는 세포이며 이것은 방사선에 약하다.

그래서 암이 무제한으로 커지려는 것을 억제하기 위해 방사선을 되풀이해서 쬐면 정상세포도 손상되어 여러 가지 증상이 나타난다. 특히 조혈작업(造血作業)이 방해받아 심한 빈혈이 일어나고 이는 생명까지도 위협하므로 방사선 조사(照射)를 중간에서 그만두는 수밖에 없게 된다.

제암제

주사약은 메스가 닿지 않는 곳에도, 또 방사선을 쬘 수 없는 곳에도 닿는다. 약으로 암세포를 죽이면, 이를테면 그때까지 암으로 막혀 있던 통로가 뚫린다거나, 신경에 대한 압박이 줄어 통증이 완화되어 증상이 일시적으로 좋아지는 일이 많다. 그러나 암세포에 대해서만 독성이 있고, 건강한 세포에는 독성이 없는 약은 없기 때문에 암세포가 파괴되는 동시에 정상세포도 해를 입으므로 전체적으로 상태가 나빠져 결국은 투약을 계속할 수 없게 된다.

면역이 없는 곳에는 암이 없다

가령, 토끼의 신장을 잘라내고 거기에다 닭의 신장을 이식했다고 하자. 닭의 신장의 세포성분이 토끼의 혈액 속에 들어가면 그것은 토끼에게는 이물질이기 때문에 항체가 만들어진다. 그 항체가 항원인 닭의 신장세포와 결합하면 세포는 장애로 인해 얼마 안 가서 죽고 만다.

결국은 닭의 신장 전체가 죽어서 무너지고 만다. 즉 토끼는 닭의 신장을 받아들이지 않는다. 이것을 거부반응이라 한다. 닭 신장 대신 닭의 암을 토끼에게 이식하더라도 결과는 마찬가지여서 거부반응이 일어나 암은 무너지고 만다.

이것에 반해 토끼에게 토끼의 암을 이식하면 거부반응이 일어나지 않는다. 토끼의 암세포는 토끼에게는 이물질이 아니기 때문이다.

같은 이치로 인간의 몸에 생긴 암은 인간에게는 이물질이 아니므로, 그것에 대해 항체가 만들어지는 일은 없다. 따라서 거부반응이 일어나는 일도 없다.

암이 자연히 허물어진다면 정말 다행스러운 일이지만 그런 일은 절대로 일어나지 않는다.

그런데 다음과 같은 말을 한 사람이 있다.

—인간의 몸속에서 정상세포가 암세포로 바뀌는 일은 여기저기서 가끔 일어난다. 그러나 그런 일이 일어나면 암세포에 대한 항체가 만들어져 암세포에 작용하기 때문에 거부반응이 일어나 암세포는 죽임을 당한다. 바꿔 말하면 암이 생기기 시작하더라도 면역기구만 튼튼하다면 면역의 힘으로 두들겨 부숴 버린다. 우연히 항체의 생성이 불충분한 사람에게서 암이 생기면, 거부반응이 일어나지 않고 암 환자가 되어 버리는 것이다.—

그러나 이렇게 주장한 사람이 인간의 몸속으로 깊숙이 헤치고 들어가서 항체가 암세포를 타격하는 광경을 목격하고 온 것은 아니다. 그런 장면을 공상만 했을 뿐이다.

하지만 이 설을 신봉하는 사람은 일본 등 여러 곳에 꽤 많다. 만약 이 주장이 옳다고 한다면 면역기구가 아직 생기지 않은 태아는 암에 걸리기 쉬울 터인데도 사실은 정반대로 태아는 암에 잘 걸리지 않는다. 그 종류도 지금까지 두 종류 정도밖에는 알려지지 않았다. 드물게 태아가 암에 걸리더라도 태어나기 전까지 자연히 낫는 수가 많은 것 같다.

이렇게 말할 수 있는 것은 다른 원인으로 사망한 태아에 대한 해부소견(解剖所見)의 통계에 따르면, 암은 태아에게 상당한 비율로 발생한다고 하지만, 암을 지닌 채 태어나는 아기는 드물기 때문이다.

「면역」의 항목에서 말한 대로 척추동물 중 가장 열등한 부류와 모든 무척추동물은 면역기구가 없다. 그렇다고 해서 그들이 암으로 많이 죽느냐고 하면 이것 또한 정반대여서 확인된 암의 종류는, 열등한 척추동물에서는 연골어류에 두 종류, 원구류(圓口類)에 두 종류가 있을 뿐이고, 무척추동물에 이르러서는 종의 수로 말하면 100만 이상이나 되는 데도 암은 절족동물에 다섯 종류, 연체동물에는 여섯 종류가 알려져 있을 뿐이다.

이것에 반해 인류를 포함하는 고등 척추동물에는 헤아릴 수 없을 만큼 많은 종류의 암이 있고, 암은 인간의 사인의 수위(首位)를 놓고 동맥경화와 겨루고 있다.

이처럼 세포가 암이 되는 것은 면역이 있는 동물이며, 면역기구를 지니지 않는 동물은 암이 되지 않는다.

'면역이 없는 곳에 종양이 없다(No Immunity, No Cancer).'

이런 속담을 만들까 생각 중이다.

면역기구를 지닌 동물만 암이 생기기 쉽다. 이것은 공상도 아니고 가설도 아니다. 명백한 사실이다.

암의 면역요법

암의 면역요법은 암 환자의 몸이 암세포에 대해 면역상태가 될 수 있다는 것을 전제로 한다. 그리고 그 면역력을 증폭하는 것이 면역요법이라고 생각하는 것 같다.

구체적으로는 결핵균으로부터 단백 성분을 조금 제거한 것을 주사하는 것이다. 결핵균을 주사하면 당연히 결핵균에 대한 항체가 만들어진다. 그러나 다른 세균, 이를테면 콜레라균이나 폐렴균에 대한 항체는 절대 만들어지지 않는다. 하물며 결핵균과 아무 관계도 없는 인간의 암세포에 대한 항체가 만들어질 턱이 없다. 이런 일은 면역학의 입문서를 대여섯 페이지만 읽어보면 알 수 있다. 의심스럽다면 암세포에 대한 항체를 실제로 찾아보면 된다.

면역요법을 신봉하는 사람들의 생각으로는, 환자의 몸에는 암에 대한 면역이 약하나마 성립한다. 그 면역을 결핵균이 증강한다고 하는 듯하다.

결핵균을 구성하는 물질 중 어떤 것은 다른 물질의 자극에 의한 항체 생산을 돕는다고 오래전부터 알려져 있으나, 항암면역이 애당초 존재하지 않는다고 하면 편을 들려 해도 편들 방법이 없다.

백 보 양보해서 암세포의 성분에 대해 환자의 체내에서 항체가 생산된다고 가정하자. 만약 그것이 사실이라면 그 항체의 생산을 결핵균으로 하여금 돕게 한다는 번거로운 일은 그만두고, 곧바로 환자의 암을 일부 잘라내 짓이겨서 그것을 암 백신이라 일컫고, 그 환자에게 주사하면 된다는 말이 되겠는데, 그렇게 해서 암이 고쳐졌다는 보고는 들은 적이 없다.

암의 면역요법이라는 생각이 어떻게 시작되었는지는 모르지만, 지금부터 30년 전쯤에 프랑스의 어떤 면역학자가 다음과 같은 논문을 발표한 적이 있다.

—결핵균이나 코리네박테리아라는 세균을 동물에 주사하면, 면역에 관계가 깊은 세망내피계(細網內皮系)라 불리는, 세포군의 활동이 활발해지는데, 미리 종양을 접종해 둔 동물에 이 세균을 주사하면 종양이 작아진다. 그러므로 세망내피계[줄여서 망내계(網內系)]는 종양을 억제하는 작용을 하는 듯하다.

이 연구가 암의 면역요법을 유발한 것이 아닐까 생각하지만, 이 프랑스의 논문에는 암면역이라는 단어는 하나도 나오지 않는다. 망내계의 활동이 활발해지는 것과 암이 퇴축(退縮)하는 것과는 관계가 있는 것 같다고 했을 뿐이다.

망내계라고 하는 것은 다음과 같은 세포 한 무리의 이름이다. 척추동물의 온몸 곳곳, 특히 망상(網狀)을 이룬 조직이나 혈관 내벽 등에 이물을 섭취하여 처리하는 세포가 배치되어 있는데, 이 포식세포를 일괄하여 망내계세포라고 한다.

면역이란 현상은 이 망내계가 없이는 성립하지 않는다. 그러나 망내계가 하는 일은 면역만이 아니다. 다른 일도 한다. 망내계의 작용, 특히 이물을 포식하는 활동이 활발해졌다고 해서 면역현상만 왕성해진다고 생각하는 것은 옳지 못하다. 면역 이외의 활동도 활발해지고 그 면역 이외의 일 덕분에 암이 작아지는지도 모를 일이 아닌가.

암의 면역요법 신자들은 반대 의견을 봉쇄하기 위해

"실제로 약간 듣는 경우가 있으니까 확실하다"

라고 말한다. 사실 결핵균의 주사가 암에 어느 정도 듣는 경우가 있을지도 모른다. 문제는 듣는다고 해서 그것을 면역의 덕분이라 단정해도 되느냐는 점이다. 면역이란 별개의 것의 혜택일지도 모른다.

결핵균체성분을 주사하면 결핵균에 대한 면역을 유발하지만, 동시에 IF 생산도 유발한다는 것은 주지의 사실이다. 그 IF가 암에 작용하는지는 모른다.

필자는 여기서 IF의 항암 효과를 강조할 생각은 없다. 다만 결핵균의 주사에 의해 활발해지는 것은 면역만이 아니라고 말하고 싶을 따름이다.

요컨대 암의 면역요법이라 일컫는 것은 면역으로 암을 고칠 수 있다는 근거가 없다. 애당초 실효가 그리 거두어지지 않고 있다.

어느 한 가지 치료법이 그리 도움은 되지 못하지만, 그 대신 두려운 부작용도 없다고 해서 관대해야 한다는 것은 옳은 일이 아니다.

그것은 진단이 내려졌을 때는 곧 수술하면 나을 가망성이 컸는데도 수술을 꺼려서 무슨 약이니, 무슨 요법이니 하고 우왕좌왕하는 동안 병세가 진행되어 수술을 받아야겠다고 생각할 때는 이미 수술 불능상태에 빠져 있었다는 실례를 자주 보고 듣기 때문이다.

여담으로 곤충학자 파브르(Henri Fa-bre)는

'책에 검다고 쓰여 있을 때는 어쩌면 사실은 흰 것이 아닐까 라고 생각하기로 했다'

고 말한 적이 있다. 이것은 곤충의 습성에 관한 다윈(Darwin)의 논문을 읽고 나서 한 말이다.

다윈이 적은 바에 따르면 어떤 종류의 벌은 자기 새끼인 애벌레의 먹이로 주려고 큰 곤충을 쏴 죽인다. 그리고 그것이 무거워 한 번에 옮길 수가 없기 때문에 토막 내서 몇 번에 걸쳐 운반한다고 했다.

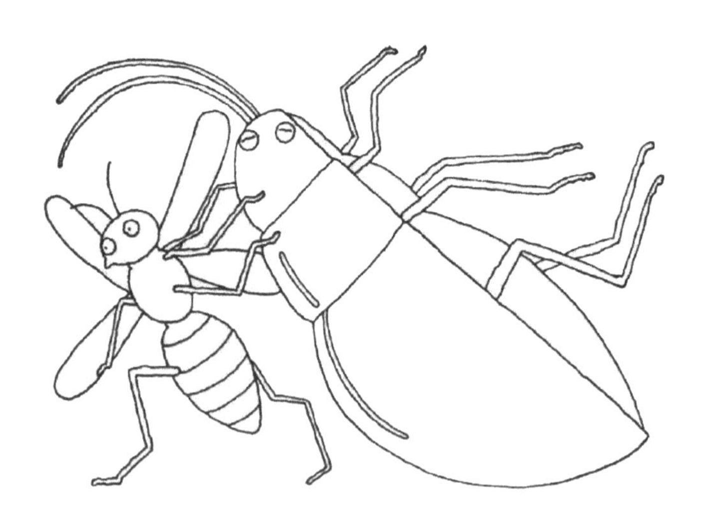

그림 26 | 벌은 애벌레의 먹이를 어떻게 마련할까

그러나 파브르는 오랫동안 벌을 관찰했는데 이와 같은 광경은 한 번도 보지 못했다고 한다.

벌은 자기가 낳은 알이 애벌레로 태어날 때를 위해, 알을 낳기 전에 미리 먹이를 마련해 둔다. 알이 부화할 무렵에는 이미 자신의 수명이 다한 때이기 때문이다. 그런데 먹이로 쓰려고 저장한 곤충이 부패하면 먹을 수 없다. 파브르는

'이럴 경우, 우리라면 죽인 먹이를 소금에 절이거나 훈제(燻製)하는 정도의 생각밖에 떠오르지 않지만, 벌은 먹이를 살려둔 채로 보존한다.'

고 적었다. 벌은 상대의 신경마디를 침으로 쏘아 마비시킨 뒤 먹이의 몸에는 아무 데도 상처를 내지 않고 질질 끌어서 둥지로 나른다. 그리고 그 곤충의 몸 위에다 알을 낳는다. 그 곤충은 산 채로 마취되어 있으므로 알이 부화해서 애벌레가 나올 때까지 절대 썩지 않는다.

세상에는 파브르 같은 사람이 매우 드문 것 같다. 마치 보고 나온 듯이 암의 면역감시설(免疫監視說)을 맹신하는 사람이 꽤 많다.

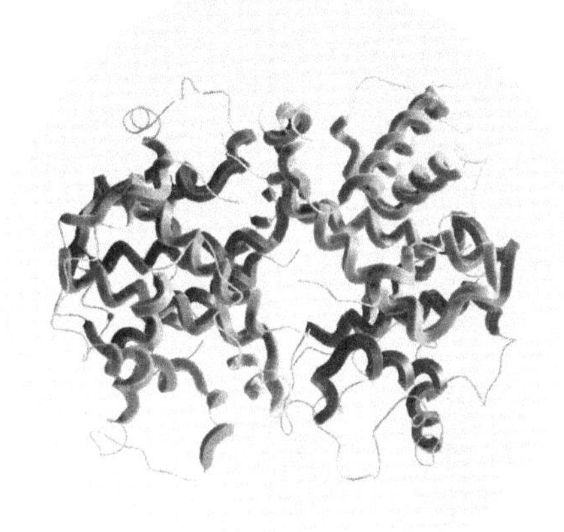

6장

IF는 암을 제압하는가

6

IF는 암을 제압하는가

IF가 듣는 조건이란?

동일한 종류의 세포의 수가 무제한으로 증식하여 마지막에는 개체의 목숨을 앗아가는 질병을 악성종양이라 한다. 악성종양에는 여러 가지 종류가 있고 암이란 것은 그중의 하나인데, 이것은 대표적인 악성종양이므로 이 책에서는 편의상 악성종양 전반을 가리켜 암이라 부르기로 한다.

쥐, 토끼 등 기타의 실험동물에는 바이러스에 의해 일어나는 암이 많다. 암세포가 불어남에 따라 바이러스도 시종 번식하는 경우가 있고, 또 암의 시초에만 바이러스가 작용하고 나중에 가면 바이러스가 온전한 형태로 발견되지 않는 암도 있다.

자연적으로 발생하는 암, 화학물질의 자극으로 발생하는 암 등, 일단 바이러스와의 관계가 발견되지 않은 암도 있다.

최근, 실험동물의 암에도 인간의 암에도 IF가 치유 효과를 나타내는 경우가 있다는 것을 알았다. 어떤 암에 IF를 어떻게 투여하면 효과가 있는지, 어떤 경우에 아무 효과도 없이 끝나는지에 대해서는 아직도 자세한

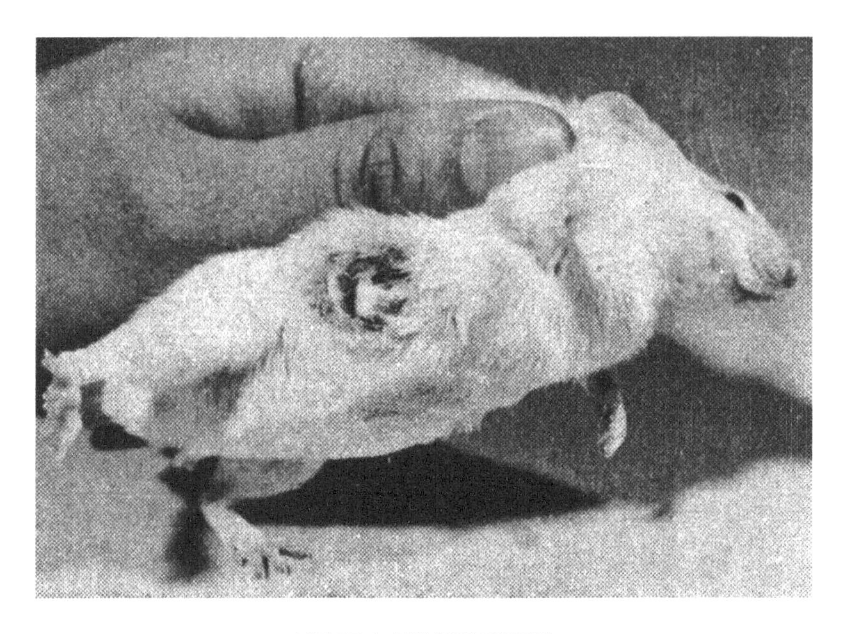

그림 27 | 쥐에 생긴 고형종양

것은 알지 못한다.

암 환자나 암을 접종한 실험동물에 IF 대신, IF 유발물질을 투여해도 치유 효과가 있다. 이 경우에도 어떤 조건이 갖추어졌을 때 잘 듣는지 도무지 알 수 없다.

이를테면 실험용 쥐의 피부에 에를리히 복수암 세포를 이식하면, 고체형의 종양이 생긴다(그림 27).

이 쥐에 합성 리보핵산을 반복해서 주사하면 종양이 작아져 이윽고 없어져 버리는 경우가 있다. 그런데 같은 시기에 같은 주사를 한 쥐 가운데는 전혀 효과가 없는 것도 있다. 하지만 중간 정도의 효과를 나타내는 것은 없다(그림 28).

또 핵산의 주사를 암의 접종과 동시에 시작하기보다는 1주일쯤 후에 시작하는 편이 잘 듣는다(표 8).

주사 개시 시기	종양 소실률(%)
1일 후	3/8(38%)
7일 후	6/10(60%)

표 8 | 합성리보핵산의 주사 개시 시기와 항종양 효과

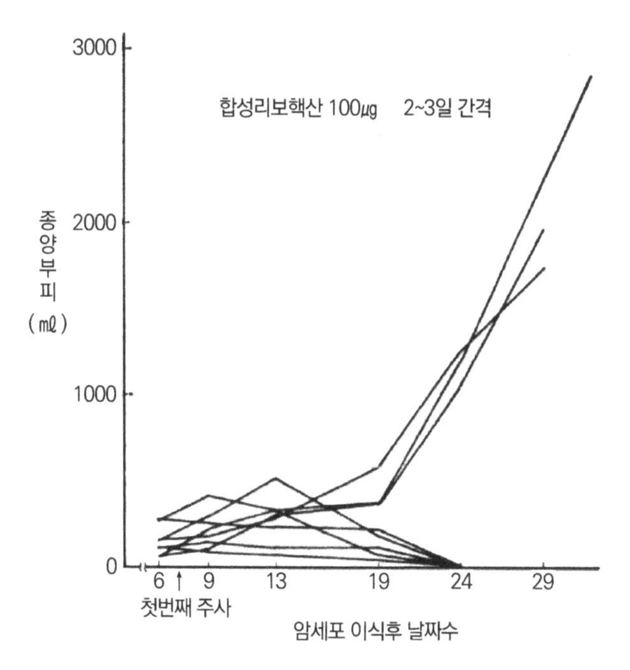

그림 26 | 벌은 애벌레의 먹이를 어떻게 마련할까

아직도 모르는 일투성이지만, 어쨌든 IF가 암에 듣는 경우가 있다는 것은 확실하므로 어떻게 하면 IF로 암을 고칠 수 있는가를 철저히 밝히려고 연구자들은 지금 온갖 정성을 다하고 있다.

세포의 분열과 분화

우리 몸은 여러 가지로 다른 작용을 하는 세포가 모여서 이루어져 있다. 이를테면 신경세포는 감각이나 지능을 관장하고 근육세포는 운동을 관장한다. 그러나 근본을 따지자면 한 개의 난세포(卵細胞)와 한 개의 정세포(精細胞)가 합쳐져서 만들어진 오직 한 개의 세포로부터 출발한 것이다.

그 한 개의 세포가 갈라져서 두 개가 되고, 네 개가 되어 수가 불어나는 한편, 어떤 것은 신경세포로, 어떤 것은 근육세포로 따로따로의 소임을 분담하는 것으로 변화해 간다.

세포가 둘로 갈라져서 수가 불어나는 것을 '분열'이라 하며, 저마다 독특한 작용을 '분화'라고 한다.

분화라는 말이 생겼을 때, 처음에는 단일이었던 것이 여러 가지 것으로 갈라져 나가는 것 전체를 가리키는 말이었을지 모른다. 하지만 지금은 아직 개성이 확립되지 않은 세포가 최종 형태, 최종 기능으로 접근해 가는 것, 또는 그 한 걸음 한 걸음의 변화를 분화라 일컫는다.

분화라고 하기보다는 진화, 성숙, 성장이라고 부르는 편이 적절할 것으로 생각되지만 관례를 따라 분화라는 말을 쓰기로 한다.

수정란은 몇 번인가 분열하면 한참 동안 분열을 쉬었다가 조금 분화한다. 이윽고 다시 몇 번 분열한 다음 쉬었다가 한층 더 분화해 간다.

이런 일을 반복하여 세포의 수가 불어나는 한편, 서로 다른 작용을 하는 세포로 분화하고, 같은 작용을 하는 세포가 집합하여 조직을 만들고, 조직이 조합하여 기관, 이를테면 뇌, 심장을 만든다.

완전히 분화하여 이를테면 간세포나 골세포로 완성한 세포는 다시는 분열하지 않는다. 완전히 분화하기 직전에서 분열을 그치는 것도 있다.

이처럼 세포는 분열하고 또 분화하지만, 분열할 때는 분화가 쉬고, 분화할 때는 분열이 쉰다.

시험관 안에서 배양되는 세포는 분열증식을 하면서 분화도 하는 듯 보인다. 그러나 그것은 수백만 개나 되는 세포 가운데 분열 중인 것도 있고 분화 중인 것도 있기 때문에 그런 것이지, 한 개 한 개의 세포에 주목하면 분열과 분화를 동시에 영위하는 것은 발견되지 않는다.

태아가 출생 뒤 유아로부터 소년, 소녀로 성장하는 동안, 세포는 왕성하게 분열과 분화를 영위한다. 어른이 되고 나서도 분열과 분화는 천천히 영위되고 체내에서는 늘 세포의 신구 교체가 이루어진다.

세포의 탈분화란?

암이란 것은 암세포 덩어리인데, 암세포가 정상세포와 다른 점은 완전히 분화되지 않은 상태로 분열만 거듭한다는 점이다.

즉 각각의 세포에 고유한 작용, 이를테면 근육으로서의 활동도 신경으로서의 활동도 하지 않는 세포가 집단을 형성하는데, 그 덩어리가 무제한으로 자꾸만 커져서 건강한 장기를 압박하고 침식한다.

정상세포가 분열과 분화를 번갈아 가면서 하고, 차츰차츰 분화해 가던 것이 도중에 분화를 멈추고, 분열만 하는 상태가 된 것이 곧 암세포이다.

사람들은 흔히 세포가 암화(癌化)한다고 표현하는데, 이 경우 구체적으로는 어떤 사건을 상상할 수 있을까.

세포가 순조롭게 분화한 다음, 분열증식을 멈추고 정착하여 고유의 작용을 영위하던 것이, 어느 날 갑자기 분화의 정도를 후퇴시켜 고유의 활동을 정지하고, 그 대신 그때까지 정지해 있던 분열작업을 재개한다, 이런 것을 상정하는 것일까.

탈분화(脫分化)라는 말이 있는 것을 보면, 이런 사고방식이 유력한 것 같다. 아니면 일단 고도로 분화한 세포가 정말로 후퇴해서 저분화(低分化) 상태로 되돌아가는 것일까.

동물의 신체조직 한 조각을 잘라내 세포를 분해하여 시험관 속에서 영양을 공급하면 세포가 증식한다. 그것을 현미경으로 관찰하거나 그 활동을 조사하면 대다수의 세포는 상당히 분화한 세포이다. 며칠이 지난 뒤

세포를 새로운 영양액에 옮겨 놓으면 거기서 다시 세포가 증식한다.

이런 이식을 몇 번이나 계속 반복한 다음 세포를 조사했더니 분화 정도가 낮은 세포가 되어 있었다고 해 보자. 이 성적을 해석하는 데 있어서 "세포를 배양했더니 세포는 고분화 단계로부터 저분화 단계로 후퇴했다. 이른바 탈분화가 일어났다."라고 말해도 되는 것일까.

생체로부터 금방 추출한 재료에는 분화의 정도로 봤을 때 여러 단계의 세포가 들어 있었을 것이다. 고분화의 것이 대다수이고 저분화의 것은 극히 소수였는지도 모른다.

이 세포집단이 영양액 속에 넣어졌을 때, 고화의 것은 분열력이 약하기 때문에 사멸되어 버렸을 것이다. 이것에 반해 저분화의 것은 수는 적지만 분열력이 강하므로 증식했을 것이다. 영양액 속은 생체 내와는 어딘가 다른 데가 있기 때문에 분화라고 하는 것은 보통은 일어나지 않는다. 그래서 결국 저분화 세포만으로 되어 버렸을 것이다.

즉 세포집단의 평균으로서는 고분화로부터 저분화로 변화하는 일은 있어도 그것이 한 개 한 개의 세포의 분화단계가 후퇴했다는 증거가 되지는 않는다.

한 개의 세포, 이를테면 백혈구가 위족(僞足)을 낸 뒤 헤엄쳐 다니면서 이물을 포착하던 것이 어느 날 움직이지 않고 소형이 되어 표면이 납작해진 대신 활발하게 분열하게 된다. ―이런 일련의 광경을 현미경 아래서 실지로 보여주지 않는 한, 필자는 개개 세포의 탈분화라는 것을 인정할 마음이 들지 않는다.

IF는 암세포의 분열을 억제하는가?

앞에서 말했듯이 수술로 암세포를 하나도 남기지 않고 모조리 제거한다는 것은 대개 무척 힘든 일이며, 방사선이나 약으로 암세포만 파괴하고 건강한 세포에는 해를 가하지 않는다는 것은 대단히 어려운 일이다.

그러나 생각해 보면 암을 고치는 데 굳이 암세포를 제거하거나 파괴하지 않으면 안 되는 것은 아니다. 암세포의 수가 무제한으로 증식하는 것을 억제할 수만 있으면 되는 것이다. 암세포가 증식하지 않으면 그곳에는 해가 되지 않는 혹이 얼마 동안 남아 있을 뿐이다. 혹은 나날이 세포의 수명이 다하면 없어져 버릴 것이다.

그러므로 정상세포의 분열을 방해하지 않고 암세포의 분열만 억제하는 약이 있으면 되는데, 지금까지 그런 편리한 약은 있을 수 없다고 생각되어 왔다.

IF가 암세포의 증가를 억제한다는 것은 약 10년 정도 전부터 알려져 있었지만, 수가 불어나지 않는 것이 어떤 경위로 인한 결과인지를 잘 알지 못했다.

세포가 분열하여 수가 두 배가 되고 또 네 배가 되고, 다른 한편에서는 세포가 IF에 파괴되어 그 수가 2분의 1이 되고, 3분의 1로 줄어드는 결과, 세포의 총수로서는 그리 많아지지 않는다는 것이 될지도 모른다.

혹은 그런 것과 달리 세포는 파괴되지 않지만, 분열하는 속도가 떨어져서 전체적인 수로 봤을 때는 그리 불어나지 않는다는 결과가 될지도 모른다.

사실이 어느 쪽인가를 확인하기 위해 우리는 다음과 같은 실험을 했다.

쥐에게는 복수암이라는 병이 있다. 암세포가 복강 속에서 증식하여 복수가 고이고, 배가 부풀어 오른다. 이 암세포를 시험관 안에서 배양한 뒤 그것에 IF를 작용하게 했다. 그리고 세포수를 매일매일 계산했다.

트리판블루라는 색소로 세포를 염색하면, 죽은 세포에는 물이 들지만 살아 있는 세포에는 염색이 되지 않는다. 그래서 IF를 작용시킨 암세포를

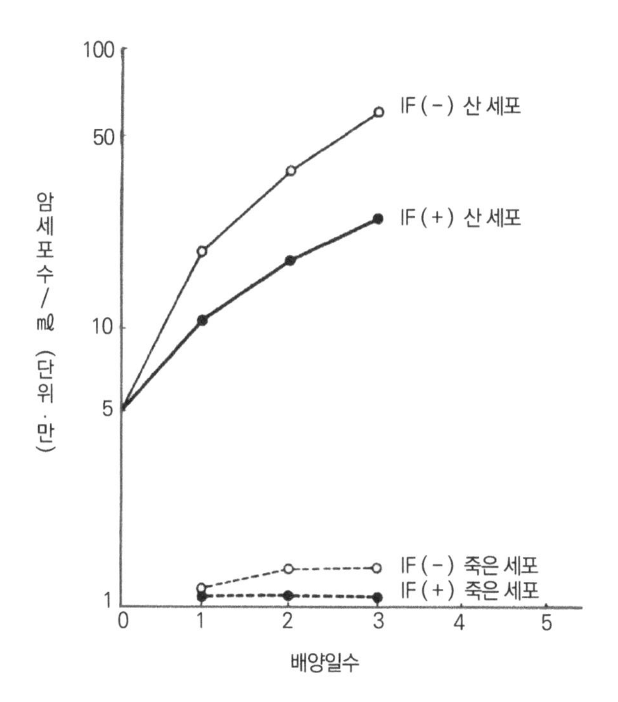

그림 29 | 암세포의 증식에 미치는 IF의 작용(사이토)

이 색소로 염색하여 살아 있는 세포와 죽은 세포의 수를 따로따로 계산해 보았다. 이것은 간단한 실험인데도 어쩐 일인지 지금까지 이런 형식의 실험을 통해 정확한 숫자를 내놓은 보고가 없다.

IF를 작용시키면 산 세포의 수의 증식방식이 쇠퇴한다. 그렇다면 그것과 대응해 죽은 세포의 수가 많아지는가 하면 그렇지도 않다. 죽은 세포는 조금도 많아지지 않았다(그림 29).

그러므로 산 세포수가 그리 많아지지 않았다는 것은 세포가 죽기 때문이 아니라는 것을 알았다.

IF의 작용에 숙주세포가 협력하는가?

IF의 항종양작용에는 숙주인 매크로파지나 림프구가 관여한다는 설이 많다. 이에 따르면 매크로파지는 평소에는 종양세포를 포식하지 않으나 IF의 작용을 받으면 포식을 하게 된다고 한다. 그러나 구체적인 데이터로는 매크로파지를 IF로 처치하면 라텍스 입자를 포식하는 힘이 강해진다는 것을 보여 줄 뿐이다.

매크로파지의 포식력은 작은 자극에 의해서도 강해지기 때문에 IF에 의해 강해진다고 한들 이상할 것이 없다. 다만 그 강해진 매크로파지가 동일 개체 내의 세포, 더군다나 활력이 왕성한 종양세포를 현실적으로 포식하는지 아닌지가 문제이다.

종양세포와 매크로파지가 결합해 있는 사진을 볼 때가 있다. 그 종양세포는 죽은 모양으로 내부구조가 희미하다. 그러나 이런 사진은 살아 있는 종양세포를 매크로파지가 습격해서 죽였다는 증거는 되지 못한다. 어떤 다른 원인으로 죽은 종양세포에 매크로파지가 나중에 모여든 것이더라도 같은 사진이 찍힌다.

림프구가 IF의 작용을 받으면 종양세포에 대한 독작용이 강해져서, 종양세포를 죽이는 것이라는 주장이 있다. 그 증거로 종양세포에 섭취시켜둔 크롬이 IF의 작용으로 인해 세포 바깥으로 방출되는 것이 아니냐고 이야기한다.

크롬이 방출되는 것은 세포가 죽었기 때문이 아니냐고 물으면 그것은 관찰하지 않았다는 대답이 돌아온다. 어쩌면 방사성 크롬을 뱉어낸 다음에는 세포가 건강해지는 것이 아닐까 싶다. IF로 처치된 림프구가 종양세포를 활발하게 죽이는 장면을 필자는 본 적이 없다.

필자의 연구실에서는 이 문제를 쥐의 복수암 세포를 사용하여 조사해 보았다. 암세포가 번식하는 시험관 속에 IF를 투입하면 번식하는 기세가 둔해진다. 이 경우 대량의 매크로파지나 림프구를 공존하게 해도 번식이 둔화하는 방법에는 변화가 없다.

또 쥐에게 여러 가지 처치를 해둠으로써 복강 안의 매크로파지나 림프구의 수를 증가시키거나 줄이거나, 혹은 기능을 강화하거나 약화하거나 한 다음에 암세포를 복강 내로 이식하고, 그것에다 IF를 작용해 보았지만, 결과는 사전에 아무 처리를 하지 않은 경우와 마찬가지였다(표 9).

사전 처치	림프구	매크로파지	IF 효과
코발트60	–*		불변
백일해균 성분	+		"
시리카(이산화규소)		–	"
트립토판 블루		–	"
카라게난		–	"
글리코겐		+	"

표 9 | IF의 암세포 증식 억제에서 숙주세포의 역할

각종 사전 처치를 한 쥐에 에를리히 복수암 세포를 복강 내에 이식, 이어서 IF를 복강 내에 주사하고 수일 후 암세포를 계산한다.

* – : 세포수 감소 또는 기능 저하, + : 세포수 증가 또는 기능 증강

다른 동물과 다른 종양을 조합했을 때의 일은 알 수 없으나, 쥐와 복수암과의 조합에 관해서는 IF의 항종양 효과에 매크로파지나 림프구가 한몫한다는 증거는 없다.

암세포와 정상세포의 작용의 차이

세포가 죽임을 당하는 것이 아니라면 세포분열이 방해되는 것은 아닐까.

암세포에 IF를 작용시키면서 현재 한창 분열작업 중인 세포수를 계산해 보았다. 분열기에 있는 세포는 보통의 염색법을 통해 식별할 수 있지

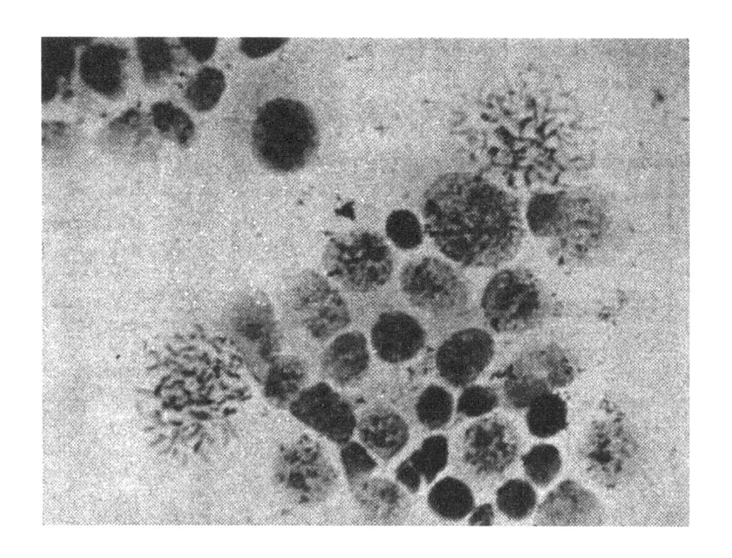

그림 30 | 핵막이 파괴되어 염색체가 확산한다

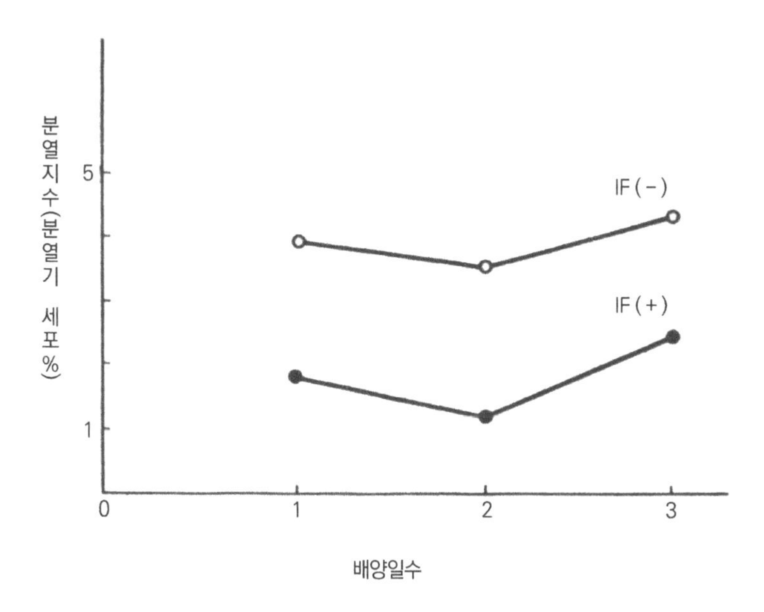

그림 31 | 암세포의 분열에 미치는 IF의 영향

만 특히 쉽게 식별하는 방법이 있다.

세포분열은 핵 속의 변화에서부터 시작된다. 핵 속의 염색체가 두 무리로 갈라진다. 이 시기에는 핵막(核膜)이 약해진다. 이것은 핵막이 이윽고 녹아버린다는 조짐이다. 이런 상태의 세포를 삼투압(滲透壓)이 낮은 용액 속에 잠깐 담가두면 핵막이 파괴되어 염색체가 퍼진다(그림 30).

이러면 분열작업 중이라는 것이 한눈에 분명해진다. 실제로 분열작업 중인 세포가 전체 세포 속에서 차지하는 비율을 분열지수(分裂指數)라고 한다. 분열지수는 IF 처리에 의해 분명히 작아진다(그림 31).

이렇게 해서 IF는 암세포를 파괴하는 것이 아니라 분열을 억제한다는 것을 알았다.

앞에서 말한 대로 정상적인 어른의 몸속에서도 세포분열이 이루어진다. 특히 조혈기관이나 소장에서는 활발하게 이루어진다. 그 분열이 IF에 의해 억제되어서는 곤란하다.

그런데 IF가 온전한 세포의 분열을 방해하지는 않는지 어떤지를 조사하려면 어떻게 하면 될까.

암세포 대신 정상세포를 시험관에 넣어 배양하고 그것이 분열하는 곳에 IF를 넣어 보면 되지 않을까 하고 살짝 생각해 보지만, 그것은 잘못된 방식이다.

동물의 신체 건강한 부분의 한 조각을 떼어 영양분이 풍부한 액체 속에 넣어 가온(加溫)하면, 세포가 분열하여 증식한다. 증식한 세포를 새로운 영양액 속으로 옮기면 세포는 거기서 다시 분열하고 증식한다. 이렇게 세포를 배양해서 계속 이식해 갈 수 있다.

이런 상태에 있는 세포는 과연 정상적인가를 생각해 보기로 하자.

출발점이 되는 재료인 건강한 세포의 집단을 영양액 속에 띄우면 그때 이미 완전히 분화가 끝난 세포는 이제 다시는 분열하지 않는다. 그리고 각각의 세포 수명이 다하면 말라 죽는다. 아직 분화를 완료하지 않은 세포는 분열한다.

그리고 그것은 생체 내에서라면 이윽고 분화할 것이지만, 인공적인 영양액에는 분화에 필요한 성분이 없는 탓인지 아니면 분화를 방해하는 성분이 포함되어 있기 때문인지 어쨌든 분화는 일어나지 않고 그저 분열만을 되풀이한다.

몇 번이나 이식을 계속해도 세포는 분열증식만 할 뿐 분화는 하지 않는다. 세포의 이와 같은 상태는 결코 정상이 아니다.

정상적인 몸속에는 이런 상태의 세포는 없다. 만약 있다면 그것은 곧 암이다. 바꿔 말하면 시험관 안에서 계속 이식되는 세포는 생체 내의 암세포와 비슷하다. 이와 같은 세포를 사용하여 정상세포에 대한 IF의 작용을 조사하려는 것은 잘못된 방식이다.

그러면 어떻게 하면 될까.

대답은 간단하다. 갓 태어난 새끼 동물의 몸속에서는 정상세포가 활발하게 분열하므로, 이것에 과하다 싶을 만큼의 IF를 연달아 주사한 뒤 세포가 분열, 증식하는가 어떤가를 관찰하면 된다. 구체적으로는 매일매일 체중을 재서 성장상태를 보통의 갓난아기와 비교해 보면 된다.

또 분화가 무사히 진행되는지 어떤지를 관찰하고 싶으면, 신체의 각 부분의 형태나 크기, 운동, 생리적인 작용을 관찰하면 된다.

실제로 쥐를 이용해 이런 형식의 실험을 한 사람이 있었는데 그 연구결과에 따르면, IF는 갓 태어난 쥐의 성장도 방해하지 않았고, 신체 각 부분의 형태나 기능의 발달에도 아무런 영향을 주지 않았다고 한다. 즉 정상세포에서는 분열도 분화도 IF의 영향을 받지 않았다고 한다.

그런데 이 실험을 한 사람이 최근에 와서 이와는 반대의 연구결과를 발표했다.

즉 IF를 정제하여 주로 IF를 함유하는 부분과 주로 불순물을 함유하는 부분으로 나누고, 이것들을 갓 태어난 쥐에게 주사했더니 불순물이 주사된 쥐에는 아무 일도 일어나지 않았는데, IF가 주사된 쥐는 간장과 신장에 병변(病變)을 일으켜 모두 죽었다고 한다.

그렇다면 이 문제는 아직 해결되지 않았다고 생각해야 한다.

IF는 암세포를 정상화하는가?

암세포라는 것은 세균이나 바이러스와는 달라서 외계로부터 우리 몸속으로 침입해 온 것이 아니다. 또 우리 몸속에서 이변이 일어나서 우리 세포와는 전혀 동떨어진 이질적인 세포가 솟아난 것도 아니다.

모든 세포는 분열과 분화를 번갈아 가며 되풀이한 결과, 최종적인 분화단계에 접근하면 분열을 멈추는데, 이 일련의 작업을 영위하는 도중에 어느 단계에서 분화를 정지하고 분열만 되풀이하는 상태에 빠진 세포를 암세포라 부른다는 것은 앞에서 말한 바와 같다.

만약 분화를 잊어버린 암세포에 분화하는 일을 상기시켜 줄 수 있다면 세포는 정상상태로 되돌아갈 것이다.

IF가 암세포의 분열을 억제하는 것은 어쩌면 세포를 고도로 분화시키

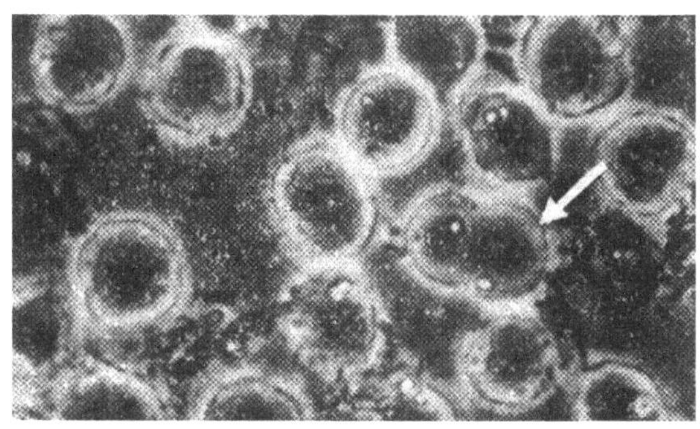

(a) 쥐의 골수성 백혈병세포(골수 아구), 무처지. 활발하게 분열한다. 돌아다니거나 균을 포식하지 않는다. 화살표는 분열 중

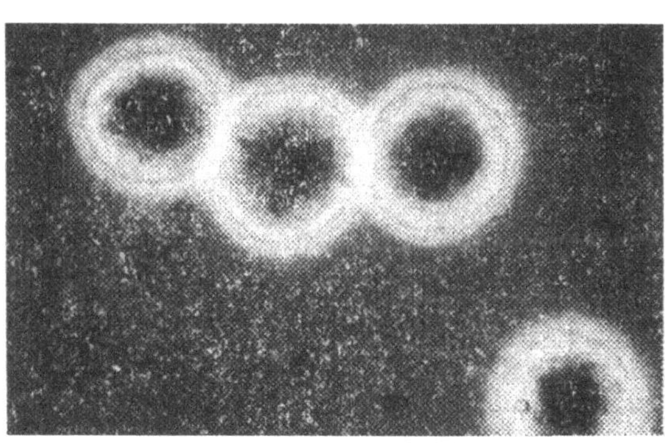

(b) 분열 직후

그림 32 | 쥐의 골수성 백혈병세포의 분열(요네 프로덕션)

는 것에 의한 것이 아닐까.

우리는 이 의문을 실험으로써 해명하고자 했다.

분열을 관찰하는 것은 그리 어려운 일은 아니지만, 분화의 정도를 정확히 확인한다는 것은 쉬운 일이 아니다. 또 낮은 정도의 분화를 세밀하게 관찰하는 것은 우리의 목적이 아니다. 목표는 암세포의 증식을 저지하는 데 있으므로, 분화의 최종 단계 또는 그것에 가까운 단계로까지 분화하여 이제는 더 분열하지 않았는지 어떤지를 관찰하고 싶은 것이다.

분화단계를 빨리 알 수 있는 어떤 가늠을 하는 세포로는 쥐의 골수성 백혈병세포를 선택했다.

이 세포는 본래 매크로파지나 포식성 백혈구가 되어야 할 것이 분화 도중에서 분화를 그만두고 분열만 하는 세포가 된 것인데, 이것을 일본 교토 대학의 이치가와 교수가 시험관 속에서 계속된 이식에 성공한 것이다.

〈그림 32〉에서 보는 바와 같이 세포는 소형이고 표면이 평평하며 원형질이 적고 핵이 크다. 왕성하게 분열하여 수가 불어난다. 완전히 분화한 백혈구라면 주위에 이물질이 있으면 그것을 포획하여 체내로 끌어들일 텐데, 이 세포는 그런 활동을 하지 않는다.

우리는 이 세포에 IF를 작용시켜 보았다. 그러자 세포가 점점 커지며 세포 주위에 수많은 위족을 내밀고 활발하게 헤엄쳐 돌아다닌다(그림 33).

배양액 속에 플라스틱의 미세한 알갱이나 대장균을 넣어주면 금방 그것을 포획하여 세포 안으로 끌어들인다(그림 34). 이것은 정상적인 매크로파지와 구별하기 어려운 상태이다. 이러면 세포는 더 분열하거나 증식하

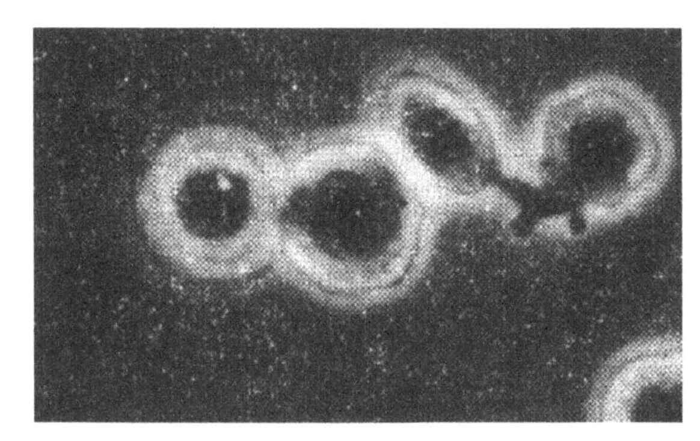

(a) IF를 투여. 한참 동안 분열하지만, 분열상은 변칙적

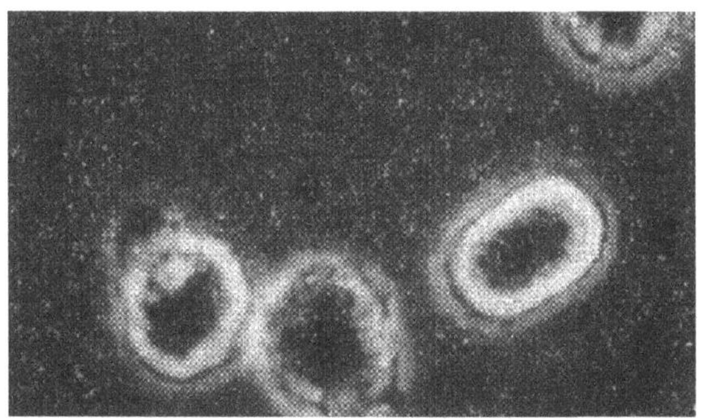

(b) 작은 위족을 내놓는다

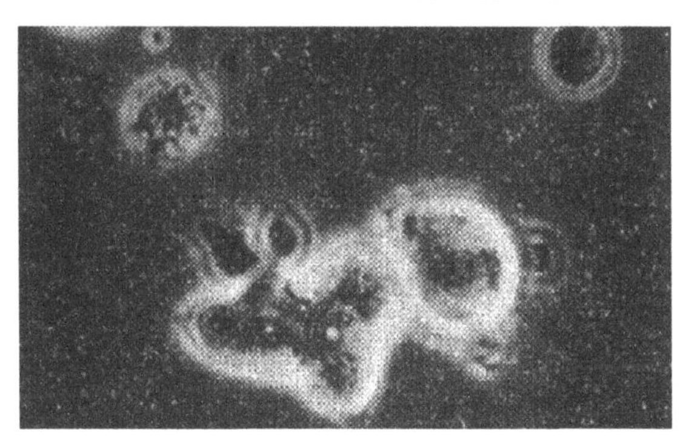

(c) 큰 위족을 뻗어 돌아다닌다. 분열하지 않는다

그림 33 | 같은 세포에 IF를 작용(요네 프로덕션)

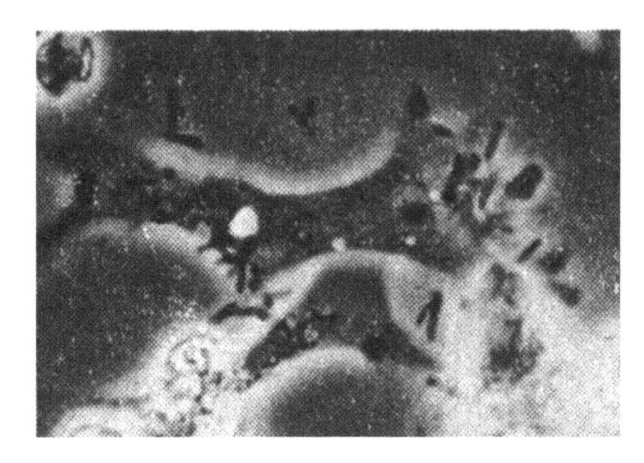

그림 34 | 배양액 속에 대장균을 투여하면 균을 포식한다

지 않는다(1979).

이 실험 결과를 정량적으로 표현하면 다음과 같다.

백혈병세포를 3일간 배양하면 세포의 수는 8배 정도로 불어나는데 충분한 양의 IF를 투입하여 배양하면 1.5배도 되지 않는다. 차라리 불어나지 않는 것과 같다(그림 35).

분화에 대해서 말한다면, 이 세포는 이식할 때마다 3~4%는 자연히 분화한다. IF를 가하여 배양하면 약 50%는 고도로 분화한다(〈그림 36〉. 1979).

이상의 실험에서는 종양세포에 IF를 작용했지만 종양세포를 자극하여 종양세포에 IF를 만들면, 그 IF가 종양세포에 작용하여 앞에서 말한 실험과 같은 결과를 가져올까.

세포에 IF를 만들기 위한 자극이 되는 물질에 대해서는 나중에(8장 「IF의 생성」) 자세히 언급할 것이다. 일단 여기서는 IF의 생성을 유발하는 물질로 잘 알려진 2~3가지를 백혈병세포에 투여해 보았다.

사용한 물질은 세균 내독소(內毒素)와 이중결합 리보핵산과 바이러스

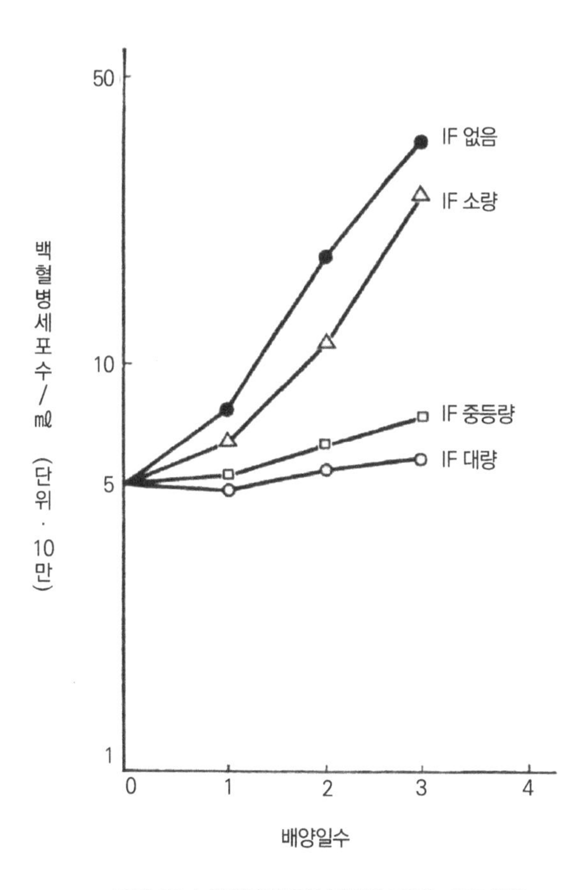

그림 35 | 백혈병세포의 증식에 미치는 IF의 영향

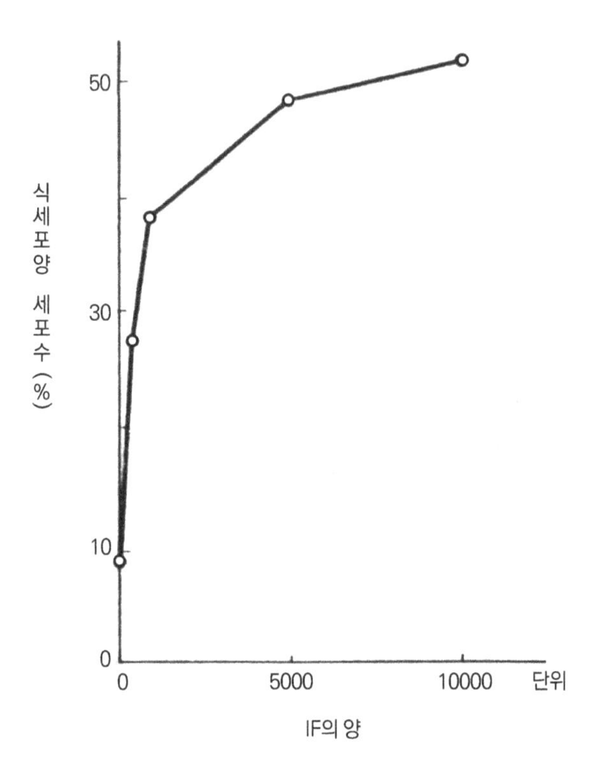

그림 36 | 백혈병세포의 분화에 미치는 IF의 작용(사이토)

이다. 내독소란 것은 세균의 균체성분(菌體成分)의 하나로서 화학적으로는 당지방질이다. 리보핵산에는 종류가 많으나 이 실험에 사용한 것은 두 종류의 폴리리보핵산을 인공적으로 중합시킨 것이다.

시험관 안에서 활발하게 분열증식을 하는 백혈병세포에 이들 물질을 주어 보았던바, IF 그 자체를 주었을 때와 마찬가지로 세포가 돌아다니며 이물을 포획하고, 동시에 세포분열이 멎었다.

즉 온전한 매크로파지에 가까운 상태로까지 분화했다. 그리고 배양액을 조사해 보자 IF가 포함되어 있었다.

내독소 기타 IF 유발물질은 어쩌면 IF와는 관계없이 직접 세포에 작용하여 이것을 분화시키는지도 모른다. 그렇지 않다는 증거는 없다. 그러나 세포는 실제로 IF를 만들었다고 하는 사실과 IF 그 자체는 백혈병세포를 분화시킨다는 사실을 더불어 생각한다면, IF 유발물질이 백혈병세포를 분화시키는 것은 IF의 생성을 유발하는 것에 의한 공산(公算)이 크다(1979).

이상, 일련의 실험에 관해서 서술했으나 그 기술(記述)에는 IF가 백혈병세포의 분열증식을 억제하는 것은 세포를 분화시키는 것에 의한다는 뉘앙스가 포함되어 있을 듯하다.

그러나 차분히 생각해 보면, 세포가 분화했기 때문에 그 결과로서 분열하지 않았다는 근거는 없다. 어쩌면 일의 순서가 거꾸로여서, 세포가 분열하지 않았기 때문에 그 결과로 분화했을지도 모른다.

어느 것이 원인이고 어느 것이 결과인지, 이것은 현대의 생물학의 지식으로는 알 길이 없는 문제인 것처럼 생각된다.

이렇게 말하는 것은 종양세포뿐만 아니라, 일반적으로 동물세포의 분열과 분화가 어떻게 관련되는 것인지, 구체적, 즉물적(卽物的)으로는 해명되어 있지 않기 때문이다.

그러므로 이에 대한 상상을 해보는 수밖에 없는데 이것은 어느 것이 먼저이고 어느 것이 뒤라고 할 성질의 사건이 아닐지도 모른다.

이를테면 단 한 개의 스위치로 두 개의 램프를 동시에 조작하는 스위치가 있다. 빨간 램프를 켜면 동시에 반드시 파란 램프가 꺼진다. 파란 램프를 켜면 반드시 동시에 빨간 램프가 꺼진다. 이것과 비슷한 기구가 세포 속에 있는지도 모른다.

상상은 그만두고 현실로 돌아가자.

이론으로는 어쨌든 간에, 사실상 IF는 백혈병이라는 악성종양의 세포를 분화시켜 정상세포와 구별할 수 없는 모습으로 바꾸는 동시에 그때까지 무제한으로 영위되던 분열증식을 멈추게 했다.

이것은 암을 고치는 방식으로서는 지극히 자연스럽고 안전한 방식이 아닐까.

그렇지만 IF는 쥐의 백혈병세포에 대해서만 예외적으로 이와 같은 작용을 하는 것일까. 아니면 어떠한 암세포에 대해서도 마찬가지 작용을 하는 것일까.

필자의 연구실에서는 쥐의 육종(肉腫), 암, 인간의 백혈병, 림프종, 신경아종(神經芽腫) 등에 대해 이 문제를 조사했다.

IF는 인간의 암에 듣는가?

현재로서는 정리된 결과가 나와 있지 않다. 그것은 충분한 양의 인체용 IF가 아직 제조되지 못했기 때문이다. 그래도 믿을 만한 보고가 적어도 하나는 있으므로 그것을 소개하겠다.

일반적으로 약이나 수술의 효과를 실제로 환자를 통해 조사할 때 주의하지 않으면 안 될 일이 몇 가지 있다.

질병에 따라서는 아무런 처치를 하지 않아도 낫는 경우가 있다. 또 같은 병이라도 여러 가지 경과를 취하는 병이 있다.

그러므로 질병의 종류를 선택할 수 있으면 자연으로는 낫지 않는 병, 그리고 경과가 거의 일정한 질병을 선택하는 게 분명한 결론을 얻기가 쉽다.

또 막연하게 좀 좋아졌다거나 많이 나았다는 식으로 말하지 말고, 단순 명쾌한 기준을 설정하는 것이 중요하다.

또한 효과를 무엇과 비교해서 좋거나 나쁘다고 평가할 것인지를 규정하지 않으면 안 된다. 이것을 잘못하면 결과도 달라지기 마련이다. 여기서 비교, 대조에 관한 필자의 쓰라린 경험을 이야기해 보고자 한다.

약의 효과를 어떻게 평가하는가?

광견병 백신은 파스퇴르가 만든 것이다. 그것은 바이러스를 변질시켜 인간에게 주사해도 광견병을 일으키지 않으나 항원으로는 작용하기 때문에 면역을 주도록 한 바이러스를 백신으로 사용하는 방법이다.

사람이 광견병에 걸린 개에게 물리면 상처를 통해 바이러스가 침투해 뇌를 침범하는데, 발병하면 어김없이 죽는다. 다행히 바이러스가 들어가서 뇌에 다다르기까지에는 시간이 걸리므로 물린 직후 바로 백신을 주사하면 발병을 예방할 수 있다. 다만 백신 주사를 맞아도 100명 중 3~5명은 죽는다.

백신	백신주사 시기	상처 입은 부위	주사례	사망례	사망률
파스퇴르 백신	1947.4월부터 1949.12월까지	머리	65	7	10.8
		상지	259	9	3.5
		하지	136	4	3.0
		계	460	20	4.4
자외선 백신	1951.7월부터 1954.12월까지	머리	26	0	0
		상지	296	0	0
		하지	126	0	0
		계	448	0	0

표 10 | 광견병 백신의 효과(시브키, 오다니)

일본에서 도쿄를 중심으로 광견병이 유행했을 때, 우리는 미리 동물실험으로 효과를 확인해 두었던 자외선 불활성 백신을 도쿄대학 전염병 연구소에서 사람에게 주사했다. 이 경우 효과를 무엇과 비교, 대조해야 할 것인지 고민했다.

일반적으로 신약의 효과를 조사할 때는 대조를 위해 한 무리의 사람들에게 본인에게는 모르게 약도 아무것도 아닌 것을 복용하게끔 한다. 그러나 광견병의 경우는 발병하면 반드시 죽는 병이므로 그렇게는 할 수 없다.

이 백신이 사람에게 효과가 있는지는 아직 모른다고 하더라도 오랫동안 동물실험을 통해 연구한 것으로, 우리는 파스퇴르 백신보다는 우수하다고 생각했기 때문에, 고의로 다른 백신을 쓰려는 마음은 들지 않았다. 개에게 물린 사람 모두에게 자외선 백신을 주사했다. 그리고 그 효과를 과거 3년 동안 같은 연구소에서 진행한 파스퇴르 백신의 연구결과와 비교, 대조하기로 했다.

결과를 정리하면 〈표 10〉과 같이 되었다. 사망자는 한 사람도 없었다. 이 연구결과는 프랑스의 아카데미에서 보고했을 때도 일본 미국 의학 심포지엄에서 보고했을 때도 칭찬을 받았다.

그런데 나중에 대조 성적을 다시 검토한 결과, 처음에는 그냥 지나쳤던 중대한 의문점이 있다는 것을 알아냈다.

〈표 10〉에서 볼 수 있듯이 파스퇴르 백신에서의 사망률은 3년 평균이

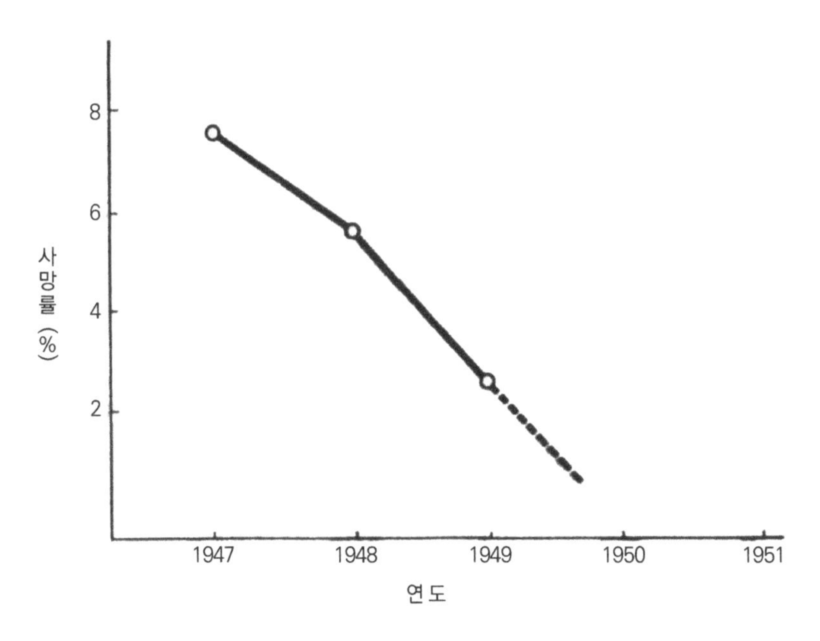

그림 37 | 광견병 파스퇴르 백신의 효과

4.4%인데, 사망률을 연차별로 세밀히 조사해봤더니, 〈그림 37〉에서 보는 바와 같이 해마다 떨어졌다. 이 3년 동안의 백신은 같은 사람의 손으로, 같은 방법을 사용하여 제조되고, 같은 의사에 의해 주사되었다. 또 광견병 바이러스의 기병력(起病力)이 자연적으로 해마다 약화했다고도 생각하기 어렵다.

결국 왜 사망률이 떨어졌는지는 알 수 없으나 사망률의 커브를 살펴보면 자외선 백신을 사용하기 시작한 1950년에는 어쩌면 파스퇴르 백신을 사용했더라도 사망률은 제로가 되지 않았을까 하는 의심이 생긴다.

즉 자외선 백신이 파스퇴르 백신보다 뛰어나다고 단정해서는 안 되었던 것이 아닐까.

IF 효과의 임상적 검사

스톡홀름의 카로린스카(Karolinska) 병원에는 현재 IF를 암 치료에 사용한다. 암 중에서 골육종이라는 병에만 국한한다.

이 암은 처음에는 뼈에 생기지만, 대다수의 환자는 1년 이내에 암이 허파로 전이한다. 암이 허파로 전이되면 환자는 1~2년 안에 목숨을 잃는다. 골육종의 경과는 이렇게도 빠르고 또 거의 일정하다. 아주 악질인 암이다.

진단을 내릴 때는 여러 가지 임상적 검사를 하는 것 외에 환부의 한 부분을 잘라내어 절편표본을 만들고, 두 사람의 병리학자에게 따로따로 현미경 검사를 의뢰하여 확실히 골육종이라는 것이 판명되면, 뢴트겐 기타로 허파를 정밀하게 조사하여 암이 아직 허파로 전이되지 않았다는 것을 확인한다.

그런 다음에 외과수술, 방사선 조사(照射), 화학요법 등 통상적인 치료법으로써 가능한 모든 처치를 한다. 게다가 IF 주사도 한다. 주사는 하루걸러 하는데 장기간 계속된다. 치료 효과를 판정하는 기준으로서는 암이 허파로 전이하는 것을 막을 수 있느냐 아니냐의 한 점에 집약된다.

이를 통해 얻은 결과를 무엇과 비교하느냐가 문제이다. 전에는 카로린스카 병원에서 과거 20년간 치료한 골육종 환자 중 위의 조건, 즉 원발소(原發巢)가 틀림없이 골육종이고, 또 치료를 시작한 시점에서는 암이 허파로는 전이하지 않았다는 조건에 들어맞는 증상례와 비교, 대조하기로 했다.

그러나 치료 방법은 일진월보의 추세로 개선되므로 과거의 성적과 비교하는 것은 지나치게 안이하다고 해서 현재는 스웨덴 국내의 주요한 각 병원에서도 되도록 최근의 치험례(治驗例)와 대조하기로 되어 있다.

IF를 2년 반이나 계속 주사한 시점에서의 결과는 〈표 11〉과 같다. 즉 보통의 치료 방법에서는 37%밖에 생존하지 못한 데 비해 IF가 투여된 환자는 73%가 생존했다.

처치	생존자	생존자 중, 허파에 암이 전이되지 않은 것
통상적인 처치만	37%	30%
통상적인 처치와 IF	73%	30%

표 11 | IF의 골육종에 대한 효과

보통 요법으로 치료된 환자의 70%는 암이 허파로 전이했으나 IF를 투여한 환자에서는 36%밖에 전이하지 않았다.

이 질병, 그리고 이 기준에 관한 한에서 IF는 유효하다고 판정해도 되리라고 생각한다. 그러나 생각하기에 따라서는 이만큼이나 열정적으로 치료를 해도 아직 이 정도의 결과밖에 얻지 못한다는 것은 유감이다.

다른 암에는 더 잘 들을지도 모른다. 아니면 반대로 이렇게는 듣지 않을지도 모른다. 여러 가지 암에 대해 하나하나, 적어도 카로린스카 병원 정도의 노력을 해야 한다.

전도 요원하다고 탄식할 것은 없다.

강인한 실천력이 기초 연구자에게도 임상의에게도 요구된다.

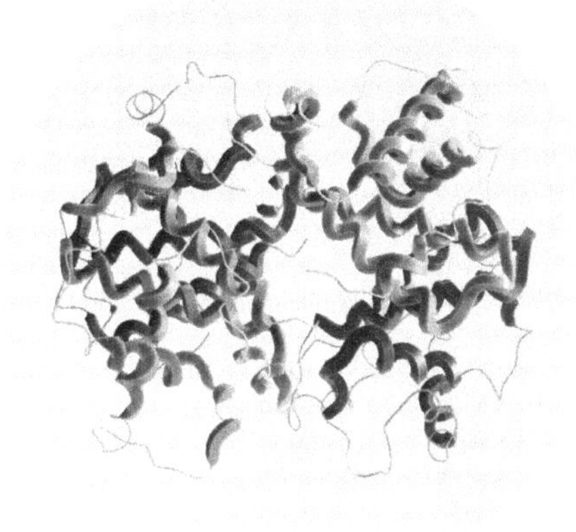

7장

물질로서의 IF의 성질

7

물질로서의 IF의 성질

IF의 물리적 성질을 탐구

IF는 물질로서는 어떤 물질인가를 말하기 전에 주어진 재료가 어떤 조건을 갖출 때 이것을 IF라 부르는지에 대해 소개하겠다.

IF는 결정(結晶)의 형태로 다루어지는 것은 아니다. 다른 갖가지 물질과 섞인 상태로 다루어진다. 그 혼합물이 일정한 성질, 일정한 작용을 나타낼 경우에 거기에 IF가 함유되어 있다고 판단할 따름이다.

그 일정한 성질, 일정한 작용이란 다음과 같은 것이다.

(1) 바이러스를 직접 죽이지 않고, 바이러스가 숙주세포 내에서 번식하는 것을 억제한다.

(2) 그 IF를 만든 동물과 같은 종류 또는 근연종(近緣種)인 동물에게만 잘 작용한다.

(3) 작용하는 상대의 바이러스에 대해서는 종류를 가리지 않으며, 어떤 바이러스에도 무차별로 작용한다.

(4) 단백 분해효소를 작용시키면 작용이 두드러지게 약해진다.

IF의 물리적인 성질에 관해 살펴보면 우선 분자량은 인간의 IF는 약 2만, 쥐의 IF는 3만 전후라고 생각한다. 엄밀한 수치가 요구될 법한 분자량이 약 2만 내지 3만이라고 말하는 것은 불안한 이야기지만, IF가 아직은 완전히 순수하지 않으므로 분자량을 측정하는 데도 불순한 재료를 사용할 수밖에 없기 때문이다.

IF의 분자량을 측정하는 한 가지 방법으로, IF를 함유하는 재료 속에 포함된 갖가지 물질 중 같은 분자량의 것은 같은 장소에 모이도록 조작한다.

그들의 집합을 따로따로 끄집어내 어느 집단이 IF의 성질을 가지거나 작용했는가를 조사한다. 이때 분자량을 아는 몇 가지 물질을 미리 재료에 넣어 두고 IF가 어떤 물질과 같은 곳에 가 있는가를 관찰하여 IF의 분자량을 추정한다.

여러 가지 방법으로 얻은 결과를 대조해 보면, 다른 종의 동물이 만든 IF는 다른 분자량을 가졌다는 것을 알 수 있다. 또, 어느 한 개체의 혈액 속에도 다른 분자량의 IF가 함유되어 있다. 이러면 여러 가지 의문이 생긴다.

애당초 우리가 측정하는 것이 정말로 분자량일까.

분자량을 측정하는 것은 확실하다고 하더라도, 분자량이 분명히 다른 두 물질을 같은 물질이라고 말해도 될까.

물질로서는 별개인 것을 생리학적인 작용이 공통이라는 이유로 통틀어서 하나의 이름을 붙여놓는 것이 아닐까.

분자량 하나만을 들추어 보더라도 이 정도의 일밖에는 알지 못하는 셈이며, 물질로서의 정체를 밝히는 일은 이제부터이다.

IF는 보통의 투석막(透析膜)을 통과하지 않는다.

십만g, 2시간의 원심침전에 의해서는 침강(沈降)하지 않는다.

산 또는 알칼리에 대한 저항에 관해서는 pH 2에서부터 pH 9 사이에서는 대체로 파괴되지 않으나, pH 2에는 견뎌내지 못하는 것도 있다.

열에 대해서는 56℃로 30분간 가열해도 괜찮지만 60℃로 30분간 가열하면 견뎌내는 것과 견디지 못하는 것이 있다.

등전점(等電點)에 이르러서는 참으로 다양하다. 이를테면 인간의 IF의 등전점은 pH 3에서부터 7, 닭의 IF는 pH 7에서부터 8이다.

IF의 화학적 성질

IF의 정확한 화학구조는 모른다. IF는 단백질이다. 왜냐하면 트립신을 가하면 IF는 작용을 상실하기 때문이라고 이야기한다. 그러나 IF에 트립신을 가하면 과연 IF의 작용은 5분의 1이나 10분의 1 정도로 약해지기는 하지만 완전히 없어지는 것은 아니다.

그러나 트립신과 같은 단백 분해효소가 IF의 작용을 몹시 약화하는 것은 사실이므로, IF 분자의 성분으로서 단백질이 중요하다는 것은 틀림이 없다. 그러나 그렇다고 해서 IF 분자가 오직 단백질만으로 이루어져 있다고 단정하기에는 이르다.

IF는 극히 미량의 과옥소산(過沃素酸)으로 작용을 상실한다. 과옥소산은 당을 파괴하는 힘이 강하므로 IF 분자에는 당이 함유되어 있을 가능성이 있다.

그러나 과옥소산은 아미노산을 파괴하는 작용도 있으므로 IF 분자에 당이 포함되어 있다고 단정할 수도 없다.

당이 함유되어 있느냐 어떠냐는 것은 당을 분해하는 효소로 IF의 작용이 없어지느냐 어떠냐를 조사하면 될 것이지만, 당 분해효소의 샘플 속에는 근소하나마 단백 분해효소가 섞여 있으므로 확실한 것은 모르는 것 같다고 한다.

정제기법(精製技法)이 진보하여 단백질 1㎎당 30억 단위의 IF를 함유하는 표본품이 채취된다. 그리고 그만큼 순수한 IF 표본품에도 당이 포함되어 있으므로, 당이 단순히 단백질에 섞여 있는 것이 아니라, 당단백질이라는 분자를 형성하는 것으로 생각된다.

IF의 분자량은 표본품에 따라 각각 다르지만, 그것은 당의 결합상태가 다르기 때문이라고 생각하는 사람도 있다.

한편 당과 결합해 있지 않은 단백질로부터 형성된 IF가 있다는 증거도 있다. 이를테면 당이 결합하는 것을 막는 처치를 베풀어 있는 세포라도 IF는 만든다고 한다.

또 유전자를 인공적으로 세균에 가져와서 임의의 단백질을 합성할 경우, 유전자가 명령하는 것은 아미노산의 배열방법뿐이고 당의 결합방법을 명령할 수는 없다.

그러므로 인간의 IF 합성을 지령하는 유전자를 인공적으로 세균의 유전자 속에 짜 넣어 세균에게 인간의 IF를 만들게 할 경우, 그 IF에는 당이 붙어 있지는 않을 것이다.

이런 일들을 생각하면 당단백질로 되어 있는 IF와 순단백질로 되어 있는 IF가 있다는 것을 인정하지 않을 수 없다. 그렇다면 IF 분자 내의 활성 중심(活性中心)이 당이라는 가정은 수정이 필요하다.

그러나 어쩌면 당이 붙어 있지 않은 IF는 결함이 있는 IF가 아닐까. 이를테면 배양세균에서는 IF로서의 작용을 하지만, 생체 내에서는 효과가 없을지도 모른다는 생각이 든다. 그러나 최근 대장균에 만들게 한 인간 IF는 원숭이에서 바이러스 감염을 방지했다는 결과가 보고되어 있으므로 한 마디로 결함 IF로 잘라 말해서는 안 된다.

IF는 핵산 분해효소에는 반응하지 않기 때문에 핵산은 포함되어 있지 않다고 추정된다.

IF의 혈청학적 성질

IF 분자가 단백질만으로 성립되어 있는지 어떤지는 아직 확정되지 않았으나 단백질이 주요한 성분이란 것은 틀림없다. 그리고 단백질을 함유한다면 IF를 동물에게 주사했을 때 그 동물의 체내에서 항체가 만들어지는 것이 보통인데, 왠지 대량으로는 만들어지지 않으므로 전에는 항체가 만들어지지 않는다고 말했다.

IF의 주성분은 단백질인데도 어째서 면역의 원인이 되기 어려울까. 물질의 양으로 봤을 때 너무 적기 때문일까.

그러나 IF를 동물에게 반복하여 주사하면 항체가 형성된다는 것이 밝혀졌다.

어떤 동물이 만든 IF를 같은 종의 동물에 주사하더라도 항체는 만들어지지 않는다. 다른 종의 동물에 주사하면 근소하게 항체가 만들어진다. 이는 IF는 ―혹은 IF의 단백 부분은― 그것이 만들어진 동물에게 이질적인 것은 아니라는 것이 된다.

여기서 우리는 IF의 효과가 동물의 종속(種屬)에 따라 다르다고 하는 현상을 상기하게 된다. 이 원인에 대해서는 알지 못하지만, 필자는 다음과 같이 상상해 본다.

―IF 분자는 단백질 부분과 단백질이 아닌 부분으로 성립되어 있다. 단백질이 아닌 부분은 분자량이 작은 것으로, 예를 들어 당이라고 하자. 그 당은 어떤 종류의 동물이 만든 IF의 당에서도 모두 같다. 그리고 바이러스의 번식을 억제하는 작업을 담당하는 것은 이 당인 부분이다.

단백질 부분은 IF를 그 활동 장소, 즉 동물의 세포로 안내하는 구실을 한다. 이를테면 토끼의 몸속에서 만들어진 IF의 단백 부분은 토끼의 본래 단백질과 동질이기 때문에, 서로 반발하는 일은 없다. 그러나 토끼의 IF의 단백질은 닭에게는 이물질이기 때문에, 토끼의 IF를 닭의 몸속으로 가져오면 닭의 세포는 이것을 받아들이지 않는다—

이 상상이 사실과 일치하는지 어떤지를 조사하려면 어떤 실험을 하면 될까. 현재로는 도무지 짐작이 가지 않는다.

IF를 정량하다

IF는 정제도 완성되어 있지 않은 데다 정확한 화학구조도 모르기 때문에 정량(定量)을 한다고 해도, 무게를 저울로 달 수도 없고 화학반응으로 조사할 수도 없다. IF가 바이러스의 번식을 억제한다는 그 작용 자체를 가늠하는 수밖에 없다.

그것으로 할 수 있는 일이라면 다음과 같이 하고 싶다.

—한 개의 바이러스를 배양세포로 하룻밤 번식시키면 가령 100개가 된다고 하자. 처음부터 IF를 가해두면, 그것이 50개밖에 형성되지 않는다고 한다. 이처럼 바이러스의 증식방식을 절반으로 억제하는 힘을 1단위(單位)로 하기로 정한다—

바이러스의 수를 헤아린다는 것은 불가능한 일은 아니지만, 무척 힘이 드는 일이어서 이것은 실용적이지 않다. 그래서 바이러스가 번식한 결과로 인해 일어나는 다른 사건, 이를테면 숙주세포의 파괴 정도를 가늠으로 한다. 이 방법은 수많은 IF 시료를 다룰 경우에 사용된다.

실험실에서 비교적 소수의 IF 시료를 다룰 때 널리 행해지는 방법은 플라크 반감법(半減法)이라는 방법이다.

배양액을 한천(寒天)으로 굳힌 것(〈그림 38〉의 a) 위에서 세포를 증식시켜 세포를 빽빽하게 배열한다. 거기에다 바이러스 부유액(浮遊液)을 붓고, 한천을 포함한 배양액을 층으로 포개어 37℃로 해 둔다. 바이러스가 번식하여 세포를 파괴한다.

초생체 염색액(超生體染色液)을 부으면 무사한 세포는 염색이 되지만, 파괴된 세포는 염색이 되지 않으므로 파괴된 세포군은 육안으로도 투명한 반점으로 관찰된다(〈그림 38〉의 b).

현미경으로 관찰하면 세포가 파괴된 것을 잘 알 수 있다(〈그림 38〉의 c, d). 이 반점을 플라크라 한다.

플라크가 많이 생겼으면 바이러스가 활발하게 번식한 증거가 된다.

바이러스를 가하기 전에 세포층 위에 IF 시료를 부어두고, 일정 시간 동안 37℃에 두었다가, 그 뒤에 바이러스를 가하면 플라크의 형성이 적어진다. 플라크의 수를 반감시키는 IF의 힘을 1단위라 부르기로 했다.

이를테면 어떠한 IF 시료를 1만 배로 희석하여 그것의 1㎖를 사용했더니 플라크가 반감했다고 하면, 이 시료 1㎖는 1만 단위의 IF를 함유한다는 것이 된다.

(a) 플라스틱제 세포배양 플레이트

(b) 바이러스 번식에 의한 플라크 형성

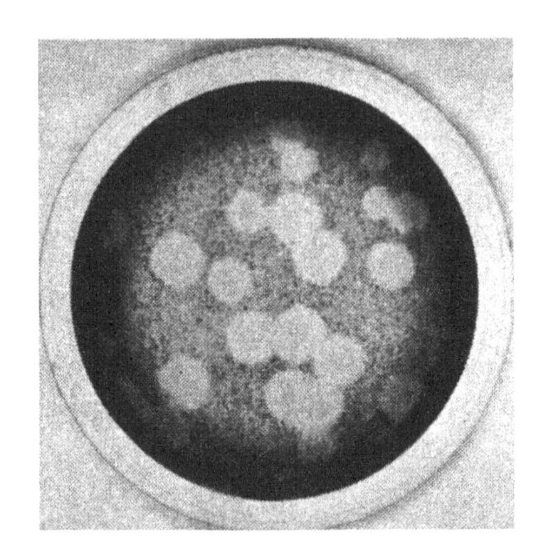

(c) 플라크의 약 확대상

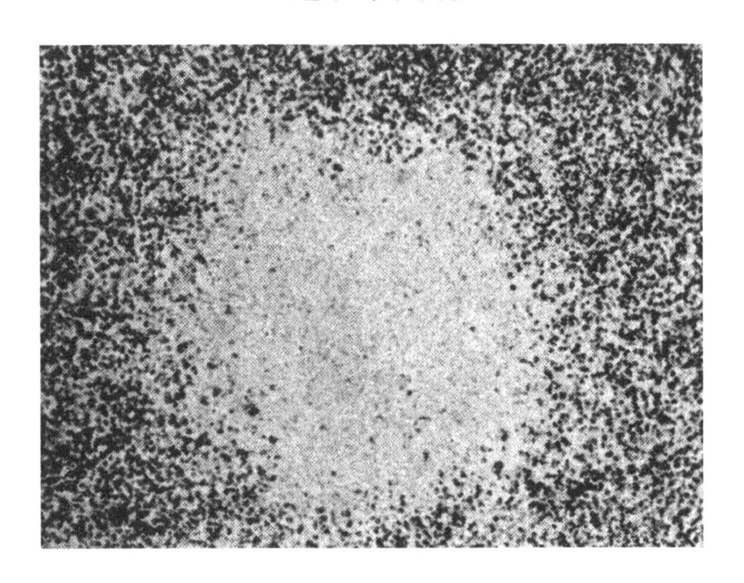

(d) 플라크의 강 확대상

그림 38 | IF 역가(力價) 측정(플라크수 반감법, 요네 프로덕션 오다카)

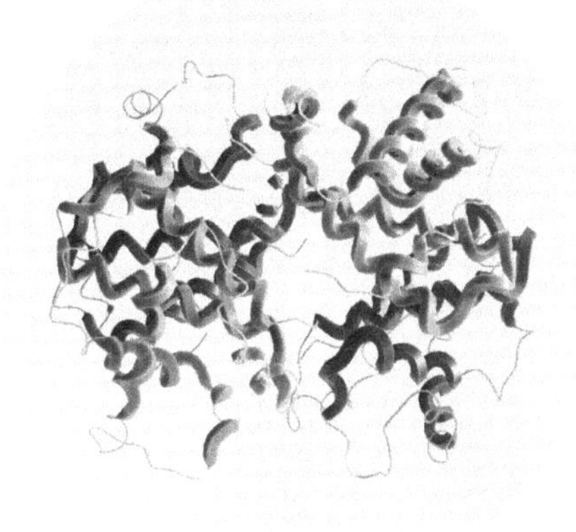

8장

IF은 어떻게 만들어지는가

8
IF은 어떻게 만들어지는가

IF 생성의 유발

세균이나 바이러스의 공격에 대한 동물들의 자기 방위 기구를 논했을 때 다음과 같은 말을 했었다. 면역이라고 하는 정묘한 작업을 영위하는 것은 척추동물뿐이다. 그러나 그 척추동물에 속하는 종의 수는 동물종 전체의 4%에도 미치지 못한다.

바꿔 말하면 동물 종의 96% 이상을 차지하는 무척추동물은 면역과는 별개의 기구로 미생물에 대항하는 것이 틀림없다.

이렇게 생각한다면, IF와 같은 면역과는 별개의 메커니즘에 의한 자위를 위한 물질을 만드는 동물은 척추동물보다는 오히려 무척추동물일 것이다. 그런데 현실은 반대여서 지금까지 IF를 만든다고 보고된 것은 척추동물에 속하는 종뿐이다.

필자는 이 점이 도무지 납득이 안 된다. 체념할 수가 없다. 필자는 친한 곤충학자에게 "자네들의 찾아내는 방법이 서투른 거겠지" 하고 자주 농담을 던진다.

무척추동물에서 IF를 찾아낼 때도, 척추동물에서 IF를 조사하는 것과 같은 방식의 실험을 하므로 포착되지 않는 것인지도 모른다. 찾기에 따라서는 무척추동물에는 무척추동물 특유의 비면역적인 방위인자가 포착될 수도 있지 않을까 하는 마음이 자꾸만 든다.

IF 유발인자란?

동물은 선천적으로 체내에 IF를 가지는 것은 아니다. 적당한 자극이 있었을 때 새로 만드는 것이다. 그 자극이 되는 것으로서 최초에 알려진 것이 바이러스의 감염이었다. 그 후 바이러스가 동물의 체내에서 번식하는 경우에만 국한되지 않고, 죽은 바이러스를 주사해도 IF의 생성을 유발한다는 것을 알았다.

게다가 살아 있는 세균, 죽은 세균, 세균체의 구성 성분, 이를테면 균체 내독소(內毒素), 혹은 천연 또는 인공 합성의 핵산, 특히 폴리리보핵산도 IF의 유발인자(誘發因子)라는 것을 알았다.

쥐에게 복수암세포를 접종하면, 핏속에 대량의 IF가 나타났다가 얼마 후에 없어진다(그림 39).

복수암세포를 짓이겨 원심분리한 윗물(上淸)을 주사해도 IF가 나타난다. 실험동물에 암을 만드는 여러 가지 세포의 융해액도 IF 생성을 유발한다.

이것은 암세포에 함유되어 있을지도 모르는 바이러스 또는 그 성분의 탓은 아니다. 즉 바이러스가 원인이라고 한다면 배양세포에 IF를 만들게 할 터인데도 세포즙은 배양세포에는 IF를 만들지 않기 때문이다.

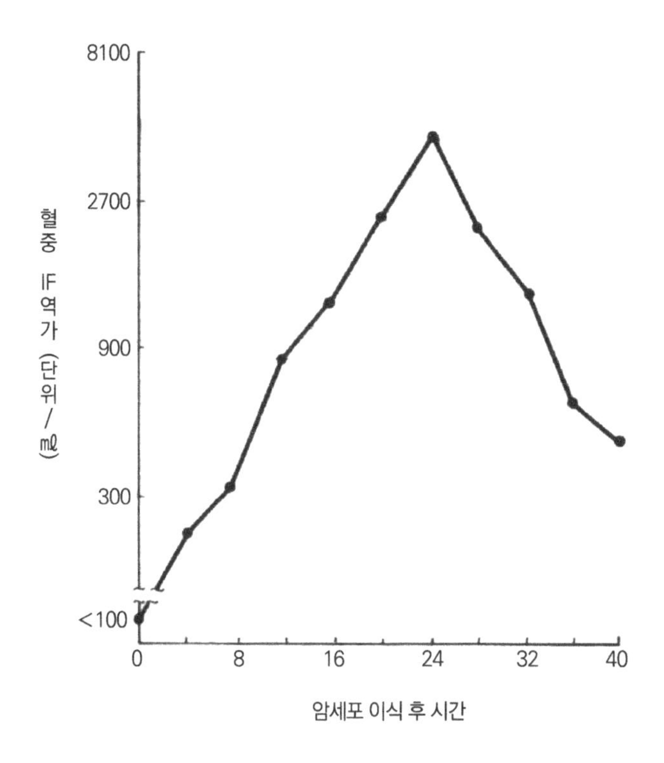

그림 39 | 복수암세포에 의한 IF 생성 유발(오츠카)

그런데 정상적인 세포즙은 IF의 생성을 촉진하지 않는다.

암세포는 정상세포가 갖지 않은 무엇을 함유하는 것일까.

동물에게 이물질을 주사하면 항체가 만들어지고 혈액 속으로 방출되지만, 세포의 표면 가까이에 달라붙어 있는 것도 있다. 그런 세포를 몸 바깥으로 끌어내 같은 이물질을 투여하면, 이물질은 세포 표면의 항체에 결합한다. 그것이 세포에는 자극이 되어 IF를 만든다.

또 쥐를 37℃의 부란기(본래는 달걀을 인공적으로 부화시키기 위한 보온상자였는데, 동식물의 세포나 세균을 배양하는 데도 사용된다)에 한 시간 반이나 두 시간쯤 가두어두면, 아무것도 주사하지 않아도 핏속에 IF가 나타난다고 한다.

또 건강한 쥐의 복강 내에 늘 존재해 있는 세포를 끌어내 시험관 속 식염수에 띄워두면 이 또한 아무것도 주지 않아도 IF를 만들어 세포 바깥으로 방출한다.

이와 같은 이유로 동물의 몸, 또는 배양되는 세포가 IF를 만들기 위한 자극이 되는 요인은 실로 다양하다. 물질로서는 어떤 물질이 자극되는가. 분자 안에 어떤 화학구조 부분을 가진 물질이 IF의 생성을 유발하는가. 이 문제에 대한 해답을 찾아내려고 계속 노력하고 있지만, 어쩌면 이것에 대한 대답은 나오지 못하는 것이 아닐까.

앞에서 살펴본 여러 가지 자극을 둘러보고 공통점을 찾아낼 수 있을까. 바이러스를 동물에게 주사한다는 것과 세포를 식염수에 띄워 놓는다는 것의 사이에는 어떤 공통점이 있을까. 없는 것은 아닐까.

어떤 물질이 IF의 생성을 촉진할 때 그 물질은 세포에 대해 어떻게 행동하는 것일까.

물질은 세포 내부로 들어가서 IF를 합성하는 장치에 직접 작용하는 것이 아닐지도 모른다. 유발물질은 기껏 세포막에만 작용하는 것은 아닐까. 작용을 받은 세포막이 어떠한 변화를 일으키는데 그것이 방아쇠가 되어 세포질과 세포핵으로 연달아 반응이 일어난다.

즉, 세포 속에서 일련의 연쇄반응이 일어난다. 그리고 그 연쇄반응 끝에 IF의 생성이라는 작업이 영위되는 것이 아닐까.

IF의 생성을 이끌어 내는 연쇄반응은 오직 한 가지에만 한정된 것이 아니고, 자극물질이 달라짐에 따라 다종다양한 연쇄반응이 일어난다. 그러나 결국은 IF의 합성이라는 귀착점에서는 공통되고 있다.

만약 IF의 합성이 이와 같은 경위로 유발되는 것이라면, 최초에 바깥에서부터 세포에 작용을 가하는 것은 상호 간에 아무런 공통점이 없더라도 별로 이상하지 않다.

그것에 반해 일련의 연쇄반응의 최종 단계에서 IF의 합성을 직접 유기하는 물질은 어느 경우에든 단 하나의 같은 물질일 것이다. 그리고 그것이야말로 IF의 유발인자라 부르기에 합당한 것이 아닐까.

그것이 물리화학적으로 어떤 물질이냐는 것은 정밀하게 조사하면 언젠가는 알게 될 것이다. 그렇지만 그것을 알았다고 하더라도 또 그것을 인공적으로 만들어 냈다고 하더라도, 그 물질을 살아 있는 세포의 내부에다, 더군다나 특정한 장치가 있는 곳에까지 넣어 보낼 수는 없을 것이기 때문에, 실용적으로 볼 때 당장에는 쓸모가 없을 것이다.

어쨌든 간에 안전하게 또 확실하게 IF의 생성을 유발하는 물질이 있다면, 바이러스병이나 악성종양의 치료에 사용할 수 있을 것이지만, 지금까지 알려진 유발물질은 어느 것이든 많건 적건 해가 있다.

인공적으로 합성된 리보핵산, 특히 폴리리보이노신산과 폴리리보시

티딘산과의 중합체(重合體, 줄여서 폴리 IC)는 실용할 수 있지 않을까 하고 처음에는 기대했으나, 역시 상당한 독성이 있다는 것을 알았다.

게다가 또 한 가지 불리한 점이 밝혀졌다. 폴리 IC가 강력한 IF 유발인자라는 것은 쥐나 그 밖의 다른 동물실험에서 밝혀졌지만, 고등원류(高等遠類)에서 시험해 보았더니 효과가 없었다. 이것은 영장류(靈長類)의 체내에는 이중결합 폴리리보핵산을 분해하는 효소가 있기 때문이라는 것도 알았다. 그래서 폴리 IC에 다른 화합물을 결합해 효소의 작용을 받지 않는 연구가 행해졌지만 독성을 없애지 못하는 것 같다.

해가 없는 IF 유발인자를 찾아내는 노력은 앞으로도 계속되어야 하지만, 비관론자에 따르면 세포를 자극한다는 것은 많건 적건 간에 바로 세포에 타격을 주는 것이므로 완전히 무해하고 안전한 IF 유발인자라는 것은 있을 수 없는 것이 아니겠느냐고 말한다.

혹은 그럴지도 모른다. 그러나 큰 효과가 있는 것이라고 한다면 약간의 해는 참을 수 있다. 결국은 타협해서 되도록 효과는 크고, 해는 적은 것을 찾아내는 수밖에 없다.

다만 유감스러운 일은 유발의 경위를 알지 못하기 때문에 논리정연한 탐색방침을 세울 수가 없다는 것이다. 생각나는 것을 이것저것 여러모로 시도해 보는 수고를 참아내지 않으면 안 된다.

세포는 몇 번이라도 IF를 만드는가?

동물의 개체 또는 배양세포에 유발인자를 투여하여 IF를 만들면, 그 뒤 며칠 동안은 다시 유발인자를 투여해도 IF를 만들지 않는다.

어떤 유발인자에도 첫 번째와 두 번째에 같은 것을 투여하면, 두 번째는 반드시 무효로 끝난다.

두 번째에 다른 인자를 투여하면 IF가 만들어지지 않는 경우와 만들어지는 경우가 있다. 그 관계는 〈그림 40〉처럼 된다.

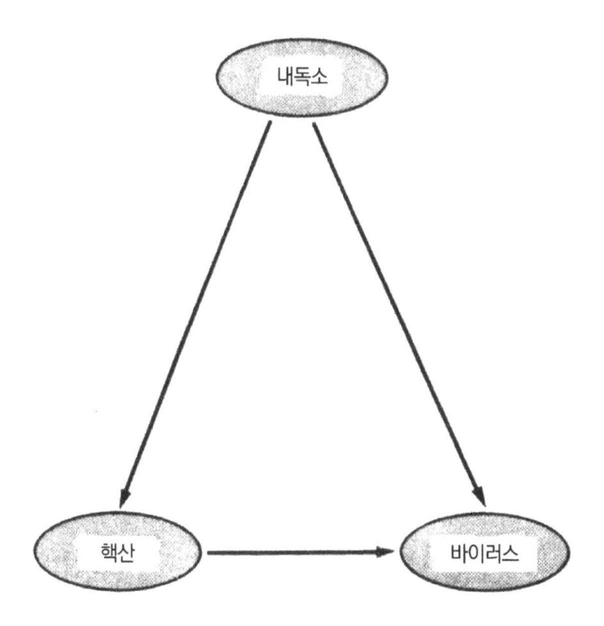

그림 40 | 재유발이 무효가 될 경우 인자의 조합(다카노)

세균의 균체 내독소가 IF 생성을 유발하는 힘은 그리 강하지 않다. 특히 시험관 안에서 배양되는 세포에 대해서는 백혈구를 제외하면 모두 효과가 없다. 그런데 두 번째의 유발을 방해하는 힘은 강해서 폴리 IC나 그 밖의 핵산도, 바이러스도, 내독소가 있고 난 뒤에는 IF를 유발할 수가 없다.

첫 번째 유발에 폴리 IC를 사용하면 두 번째 유발 때는 내독소는 유효하지만 바이러스는 무효가 된다.

바이러스는 IF의 생성을 유발하는 힘이 강한데도 불구하고, 다른 인자에서의 재유발을 방해하는 힘은 약하다. 바이러스를 투여한 후에는 내독소도 폴리 IC도 모두 유효하다.

이처럼 IF의 생성을 유발하는 힘의 강약과 두 번째의 유발을 저해하는 힘의 강약이 별개라는 것은 어떤 이유 때문인지 알지 못한다.

이것에 대한 기구를 알게 된다면, 나아가서는 연달아 몇 번이라도 IF를 만드는 수단도 알아내게 될지 모르지만, 현재로서는 이 관계의 메커니즘에 관해서는 전혀 모른다.

〈그림 40〉의 실선으로 표시한 화살표의 순서와 반대 순서로 유발하면 IF가 만들어지는데, 이 경우 유발 조건만 좋다면, 보통보다도 많은 대량의 IF가 만들어진다.

이런 일이 왜 일어나는지 분명하지 않으나 실용상의 문제로서는 IF를 제조할 때 이것을 이용할 수 있을지 모르겠다.

어느 세포가 IF를 만드는가?

척추동물은 대체로 어떤 종류의 동물이건 IF를 만들지만, 몸속의 어떤 세포라도 다 IF를 만드는지, 아니면 특정 세포만이 만드는지가 문제가 된다.

이런 것을 알게 된다면, 유발방법을 연구할 때도 의지가 될 것이다.

건강한 동물의 신체조직 중 한 조각을 채취하여 시험관 속에 넣고, 충분한 영양과 온도를 주면 세포가 분열하여 증식한다. 여러 가지 조직을 출발 재료로 하여 배양한 세포를 기타 바이러스와 적당한 IF 유발인자로써 자극하면 출발 재료가 신장이건 피부건, 기타 무엇이건 IF를 만든다.

그러나 이것으로부터 동물의 몸속에서 모든 세포가 IF를 만들 것이라고 판단하는 것은 잘못이다.

그렇다면 신장의 한 조각을 배양액 속에 넣었을 경우를 생각해 보자. 신장이라는 장기는 전신의 혈액으로부터 불필요한 것을 가려내, 그것을 오줌 속으로 버리는 일을 담당한다. 그러므로 신장은 복잡한 투석장치(透析裝置)이고, 그 때문에 형태도 작용도 다른 몇 종류나 되는 세포로 구축되어 있다.

신장을 분해하여 배양액에 띄웠을 때, 이들 세포가 모두 한결같이 증식하는 것은 아니다. 그렇기는커녕 투석작업을 영위하는 세포, 즉 신장 고유의 세포는 충분히 분화한 세포이므로 분열증식을 하지 않는다. 증식하는 것은 섬유아세포(纖維芽細胞)라는 세포이다.

섬유아세포는 섬유세포가 되어야 할 세포이다. 그 섬유세포라고 하는 것은 힘줄 모양의 가늘고 길쭉한 세포로, 장기의 형상과 구조를 유지하기 위한 기둥 구실을 하는 세포로서 어느 장기 속에도 있다. 그러므로 신장을 재료로 하여 출발한 배양세포가 IF를 만들었다고 해서 그것이 체내에서 신장의 실질적인 세포가 IF를 만들 수 있다는 것의 증거가 되지는 않는다.

애당초 섬유아세포가 시험관 안에서 IF를 만든다고 해서, 생체 내에서 섬유아세포가 분화하여 섬유세포가 되어, 지주 조직으로서의 활동을 하는 세포가 반드시 IF를 만드는 것만은 아니다.

다만 지지세포가 아니고 실질세포가 배양되는 경우도 있다. 이를테면 신경세포의 전신인 신경아세포(神經芽細胞)나 림프구의 전신인 림프아구이다.

이 세포의 경우에도 분화 정도가 낮은 그대로 시험관 안에서 분열하고 증식하는 세포가 IF를 만든다는 것은, 그 세포가 생체 내에서 분화하여 분열을 그치고 안정된 상태, 즉 완성된 신경세포나 림프구가 IF를 만든다는 증거가 되지는 않는다.

이러한 사실을 보면, 동물의 몸속에서 어느 세포가 IF를 만드느냐는 문제를 시험관 속의 실험으로는 해결할 수 없다는 것을 알 수 있다. 그렇다면 어떻게 하면 될까.

포식세포의 역할

IF는 생체가 외래 자극물에 대해 재빨리 반응하여 만들어 내는 것이므로, IF를 만드는 세포는 외래의 이물을 체내에서 최초에 받아들이는 세포가 아닐까 하고 생각한 사람이 있다.

이물을 포식하는 세포는 온몸 곳곳에 배치되어 있는데, 포식세포를 특히 고율(高率)로 함유하는 장기는 비장, 간, 허파이다. 그래서 IF의 생성을 유발하는 물질을 동물에 주사한 다음 한 시간 뒤, 수 시간 뒤, 하루 뒤와 같이 여러 시기에 여러 장기를 끌어내 따로따로 IF 함유량을 조사해 보았더니, IF는 비장에 가장 빠르게 가장 대량으로 발견되고, 그다음이 간과 허파이고, 신장과 그 외의 장기에서는 거의 함유되지 않았다고 한다.

이 결과를 보면, IF를 생성하는 주역은 포식세포가 아닐까 하는 생각이 든다.

IF 생성의 과정에 있어서 포식세포는 구체적으로 어떤 역할을 할까. 또 포식세포만이 IF를 만들고 다른 세포는 전혀 만들지 않는 것일까. 아니면 포식세포는 주된 멤버이기는 하지만 다른 세포의 협력이 없으면 순조로이 일이 진행되지 않는다는 것일까.

이런 점들을 직접적으로 조사할 수 있는 수단이 도무지 생각나지 않았지만 대신 극히 대체적인 것을, 더군다나 간접적으로라면 조사할 수 있을 것 같다고 생각되어 다음과 같은 실험을 시도해 보았다.

사전 처치	망내계의 작용	내독소에서의 IF 유발	바이러스에서의 IF 유발
올리브유	↗	↔	↔
우레탄 1시간 후	↙	↙	↙
우레탄 2일 후	↔	↙	

표 12 | 정상 쥐의 망내계와 IF 생성과의 관계

포식세포의 작용을 여러 가지 방법으로 활발하게 만든다면 IF도 더 왕성하게 만들어질 수 있는지, 또 반대로 포식세포의 작용을 억제한다면 IF의 생성도 나빠지는 것인지, 이런 점을 조사해 보았다.

포식작용의 강약을 조사하는 것은, 매우 미세한 탄소 입자를 혈관 안에 주사하면 그것이 포식세포에 섭취됨에 따라 혈류 속의 탄소 입자의 농도가 내려가는데, 그 속도를 측정하는 것이다.

쥐의 혈관에 올리브유를 주사하면 포식작용이 활발해진다. 하지만 그 쥐에게 IF를 만들게 해보면 IF가 특히 대량으로 만들어지지는 않았다.

우레탄이라는 화합물을 쥐에게 주사하면 포식세포의 작용이 둔해지고 IF의 생성도 나빠진다. 이틀쯤 지나면 포식세포의 작용은 원상으로 회복하는 데도 IF의 생산은 회복하지 않았다(표12).

쥐의 비장을 수술로 제거한 뒤에도 1주만 지나면, 건강 상태가 회복되고 IF의 생산도 정상으로 돌아간다. 그렇게 된 쥐를 이용해 앞에서 말한 올리브유나 우레탄으로 실험을 해보자 정상적인 쥐의 경우와는 다른 결과가 나타났다.

사전 처치	망내계의 작용	내독소에서의 IF 유발	바이러스에서의 IF 유발
올리브유	↗	↗	↔
우레탄 2일 후	↔		↙

표 13 | 비장을 잘라낸 쥐의 망내계와 IF 생성과의 관계

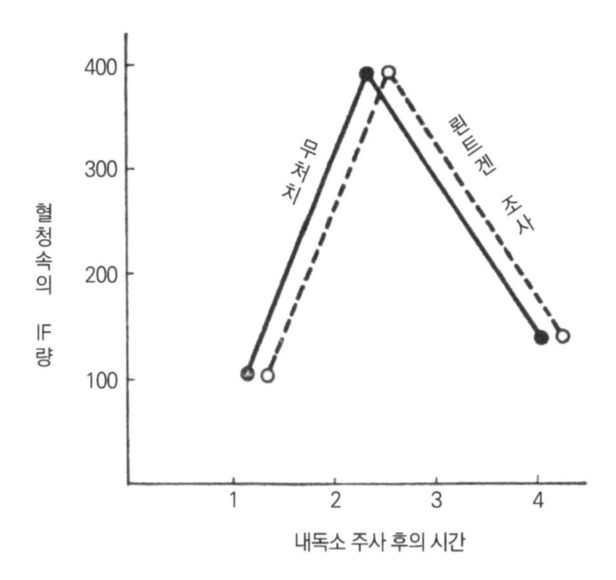

그림 41 | IF 생성에 미치는 뢴트겐선의 영향(마에하라, 나카무라)

이 결과는 비장은 단순히 온몸의 포식세포계 속의 일부일 뿐만 아니라, IF 생산에 관계하는 다른 여러 장기와의 사이에 어떠한 연락이 있다는 것을 암시하는 것처럼 생각된다.

어쨌든, 이 경우에도 망내계(網內系)의 작용과 IF의 생산과는 병행하지 않았던 셈이다(표 13).

이처럼 포식세포의 작용과 IF 생성과는 병행하지 않는 경우가 많았다. 그러므로 동물의 몸속에서 IF가 만들어질 때 포식세포가 두드러지게 큰 작용을 한다고는 생각하기 힘들다.

림프구에는 포식 능력이 없지만, 혈액 속의 림프구를 모아 시험관 속에서, 이를테면 하이러스로 IF 생성을 유발할 수가 있다. 이를 통해 본다면 림프구는 생체 내에서도 혈액과 함께 순환하면서 IF를 만드는 것인가라는 생각이 들기도 하는데 실제는 어떤지 모르겠다.

쥐의 전신을 뢴트겐선으로 찍으면 혈액 속의 림프구 수는 24시간 이내에 10분의 1 이하로 줄어든다. 뢴트겐선은 전신에 쬐어지므로 혈액 이외의 곳에 있는 림프구도 줄어들 것이다.

뢴트겐선을 쬐게 한 쥐와 아무 조치도 하지 않은 쥐에 같은 양의 내독소를 주사해 보면, IF의 생성법이 양쪽 쥐에서 완전히 같았다(그림 41).

이 결과를 통해 보자면 혈류 속의 림프구는 그대로인 상태로 IF를 만드는 것이라고는 생각하기 어렵다. 생체 내와 생체 외가 무엇이 어떻게 다르기에 이런 차이가 생기는지 알 수 없으나, 시험관 안에서는 IF를 만드는 세포라도 동물의 체내에서는 만들지 않는 경우가 있다고 인정하지 않을 수 없다.

결국 동물의 체내에서 IF가 만들어질 때 주로 활약하는 것이 어느 세포인가, 또 어느 세포와 어느 세포가 어떻게 협력하는가라는 문제점은 앞으로의 연구과제이다.

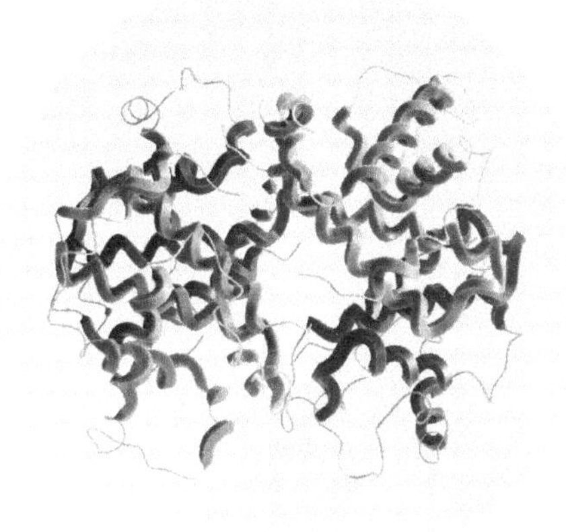

9장

IF의 대량 제조의 길

9

IF의 대량 제조의 길

IF를 제조한다고 하더라도 화학적인 공정만으로 만들 수는 없다. 현재로는 살아 있는 세포로 만드는 수밖에 없다. 더군다나 인간에게 유효한 IF는 인간의 세포에 만들어야 한다.

그렇다고 해서 설마 인간의 몸을 빌려 제약업을 영위할 수는 없으므로 인간의 세포를 대량으로 획득하기 위한 연구를 해야 한다. 여기에 인체용 IF 제조의 첫 난관이 있다.

IF는 극히 미량으로 큰 작용을 하는 물질이다. IF를 포함하는 재료의 대부분을 차지하는 것은 잡다한 불순물이며, 핵심인 IF는 극히 작은 부분을 차지하는 데 지나지 않는다.

대충 계산한 바에 따르면 정제하기 전의 원재료 100t에 함유된 IF는 1g이라고 한다.

IF라고 하는 연약하고 섬세한 것을, 손상되지 않을 만한 수단을 통해 막대한 양의 불순물을 제거하지 않으면 안 된다. 여기에도 커다란 난관이 있다.

앞으로 여러 가지 교묘한 제조방법이 나올지도 모른다. 특히 유전자를 재조립한 세균에 인간의 IF를 만드는 방법은 유망하다. 또 언젠가는 화학 구조식이 결정되거나 완전 합성이 실용화될지도 모른다.

그러나 현재로서는 되도록 대량의 인간 세포를 채집하거나 배양 또는 증식해서 그것을 되도록 해가 없는 물질로 자극해 IF를 만들고, 그것을 화학적인 수법으로 순화(純化)하는 절차를 통해 제조된다. 현재 사용하는 주된 방법에 대해 그 골자만 소개하겠다.

세포를 사용하여

세포는 인간의 세포가 아니면 안 된다. 그리고 살아 있는 세포여야 한다. 게다가 대량으로 얻을 수 있어야 한다.

1. 백혈구

인체로부터 상당한 수의 세포를 가장 쉽게 끄집어낼 수 있는 재료는 혈액이다. 더군다나 혈액은 수혈용으로 일상적으로 채취되는 재료이다.

적혈구는 IF를 만들지 않으나 백혈구는 만든다. 게다가 백혈구는 수혈에는 필요가 없다. 그러므로 수혈용으로 채취된 혈액으로부터 백혈구만 끄집어내 이것에 IF를 만들게 한다.

이 방식에서는 형성된 세포를 끄집어내 그대로 사용하기 때문에 따로 수고할 필요가 없다. 그 대신 완전히 분화한 세포이기 때문에 시험관 속에서 분열증식을 시킬 수는 없다.

또 피를 제공하는 사람은 건강진단을 받기는 하지만, 매우 많은 사람의 혈액을 모아 합병하기 때문에 병원(病原) 세균, 병원 바이러스, 기타 해로운 것이 섞여 있을까 하는 걱정이 있다.

핀란드 적십자사에서는 수혈용 혈액으로부터 백혈구를 가려내 그것을 전부 IF 생산용으로 제공한다.

2. 림프아구

림프아구(림프모세포라고도 한다)는 분화하면 림프구가 되는 세포이다. 분화하지 않고 림프아구인 채로 그대로 시험관 속에서 번식을 계속하는 세포주(細胞株)가 있다. 이것을 사용하면 그때마다 사람으로부터 채혈할 필요가 없다.

그러나 이것은 림프종이라는 악성종양이나 백혈병이라는 혈액종양 환자에게서 채취한 세포를 출발 재료로 하는 종양세포이다. 그러므로 완성된 IF 제품 속에 발암성물질이 포함되어 있지 않을까 하는 소박한 걱정이 생긴다.

그러나 암세포즙을 주사하더라도 암이 되지 않는다. 하물며 고도로 정제하여 핵산까지도 제거한 IF 제품이 암의 원인이 되리라고는 생각할 수 없다.

림프아구를 증식하는 데는 보통, 유리병이나 탱크에서 배양한다(그림 42).

최근 일본에서는 동물의 몸을 빌리는 방법이 나와 이미 실용화되었다.

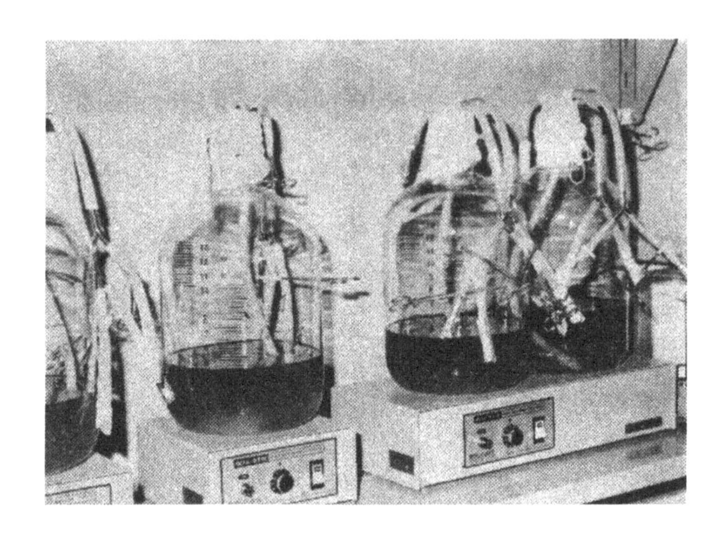

(a) 항온실 속에서 세포를 증식

(b) 원심기에 걸어서 세포를 모은다

그림 42 | 림프아구를 배양한다(시모다)

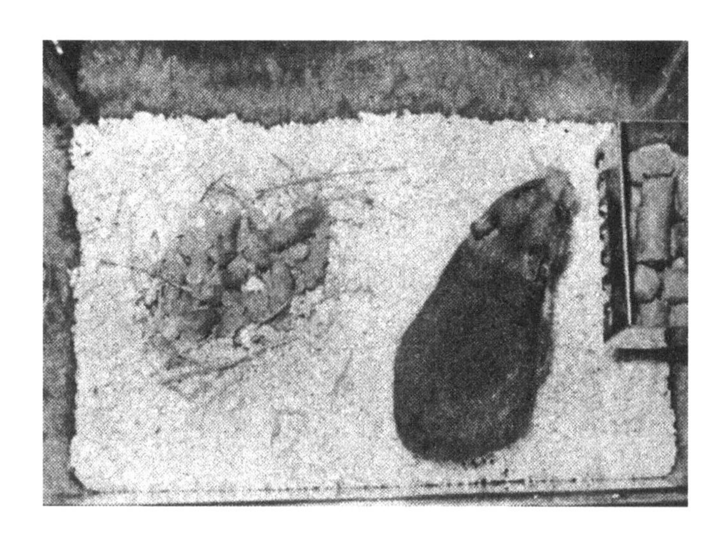

(a) 햄스터 새끼를 낳게 한다

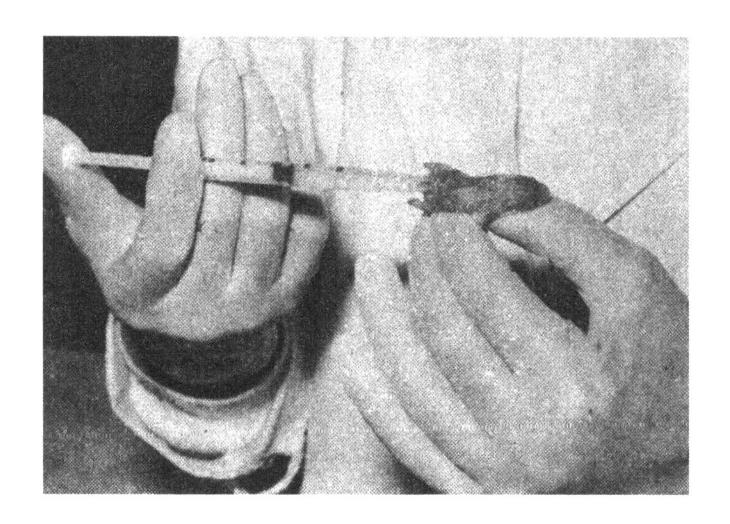

(b) 새끼가 태어난 당일에 림프아구를 피하주사한다

그림 43 | 햄스터를 사용해서 림프아구를 증식한다

시험관 안에서 계속 이식되는 림프아구를 갓 낳은 햄스터의 피하에 이식한다(그림 43).

햄스터에게는 이종(異種)인 인간의 세포를 주사하는 것이므로, 그대로 두면 인간의 세포에 대한 항체가 형성되어 그것이 림프아구를 사멸하게 한다. 이른바 거부반응이 일어나는 셈이다. 이것은 유리된 항체의 작용이 아니라 세포 면역에 의한 것으로 생각되는데, 세포 면역도 세포 표면에서의 항원-항체 반응이라고 간주하고 설명하기로 한다.

갓 태어난 동물은 항체를 만드는 힘이 약하다. 그러나 생후, 시일이 지남에 따라 차츰차츰 만들므로 그대로 둘 수는 없다. 항체를 만들지 못하면 안 된다.

그러기 위해서 햄스터의 흉선세포(胸線細胞, 항체를 만드는 세포)를 햄스터 이외의 동물, 이를테면 토끼에게 주사하여 햄스터의 흉선세포에 대한 항체를 만든다. 그 항체를 함유하는 토끼의 혈청을 채취하여 이것을 햄스터에 이따금 주사한다.

그러면 햄스터의 흉선이 장애를 받아 항체를 만들지 않으므로 인간의 림프아구는 거부반응을 일으키지 않고 분열증식을 계속한다.

이야기가 좀 복잡해졌지만, 요컨대 인간의 림프아구를 인간의 몸을 빌지 않고, 또 배양 탱크도 사용하지 않고, 햄스터의 몸을 빌려서 증식하는 것이다. 4주면 햄스터의 체중과 같은 무게의 커다란 혹이 생긴다(〈그림 44〉의 a).

그 혹은 인간의 림프아구의 덩어리이다. 보통 배양이라면 10ℓ, 병 한

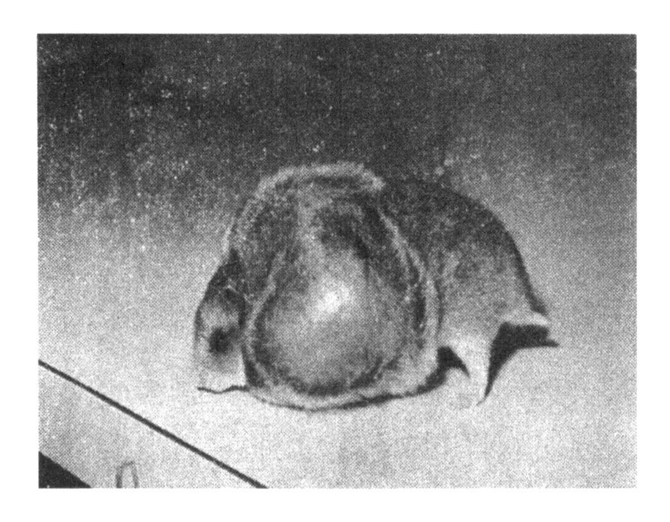

(a) 림프아구가 증식해서 커다란 혹이 된다

(b) 혹의 세포를 분해해서 병 속에서 IF를 만들게 한다

그림 44 | 햄스터로 증식한 인간의 림프아구에게 IF를 만들게 한다
(하야시하라 생물화학연구소)

개 몫만큼의 수의 세포를 햄스터 한 마리로 만들 수 있다. 이 혹을 잘라내 세포를 분해하여 IF를 만들게 한다(〈그림 44〉의 b).

림프아구를 배양액 속에서 증식할 때는 동물, 이를테면 소의 태아의 혈청을 배양액에 가한다. 동물의 태아의 혈청은 세포분열을 촉진하는 작용을 하기 때문이다.

그런데 곤란하게도 이 혈청성분이 제품에 끝까지 따라붙는다. 이종동물의 단백질은 설사 미량이라 하더라도 되풀이해서 주사하면, 알레르기성 증상을 일으켜 때로는 심한 증상을 일으킨다.

햄스터를 이용하는 방식에서는 다른 동물의 혈청은 사용하지 않기 때문에, 그것에 의한 알레르기는 걱정하지 않아도 된다. 다만 햄스터의 체성분(體成分)이 섞이는 일은 있을 수 있다.

왜냐하면 햄스터의 등허리에서 커진 혹은 인간의 림프아구의 덩어리인 것은 틀림없으나, 그 증식력이 왕성한 세포를 기르기 위한 혈액을 혹 속으로 운반하는 혈관은 햄스터의 혈관이고, 이것은 햄스터의 세포로 이루어져 있기 때문이다. 충분히 정제한 제품에 대해서도 햄스터 체성분의 혼입은 엄중히 점검하지 않으면 안 된다.

통칭, 누드 쥐라 일컫는 쥐(털이 거의 없기 때문에 속칭 누드라고 한다)는 선천적으로 흉선이 없는 동물이라서 면역이 성립하기 어렵기 때문에 그 몸을 빌려 인간의 세포를 증식하는 데에 적합하리라 생각하지만, 실제는 누드 쥐보다 햄스터가 결과가 좋다고 한다.

3. 섬유아세포

태아의 세포는 어른의 세포보다 분열이 왕성하다. 특히 태아의 섬유아세포(섬유모세포라고도 한다)는 시험관에 넣어도 분열을 계속한다. 이것은 종양세포와는 달라서 발암성에 대한 걱정이 없다고 한다.

결점으로는 대량의 세포를 얻기 힘들다는 점이다. 종양에 유래하는 림프아구는 배양액 속에 뜬 채로 분열을 되풀이하지만, 정상 조직에 유래하는 섬유아세포는 무엇엔가 붙잡혀 있지 않으면, 예를 들어 배양기의 벽면에 달라붙은 상태가 아니면 분열할 수가 없다. 그러므로 대량생산을 하게 된다면 막대한 면적의 벽면을 마련한다(그림 45).

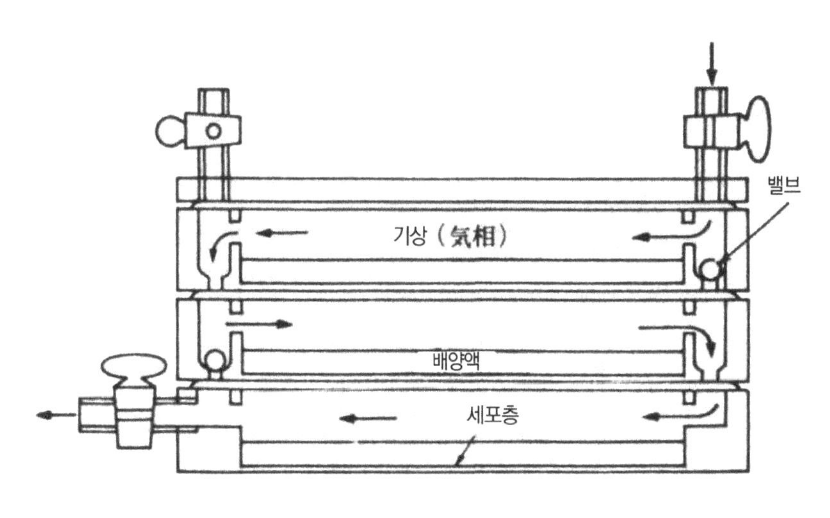

그림 45 | 다단층 배양장치(이이즈)

또 림프아구에 비해서 상당히 많은 수의 세포를 심지 않으면 번식하지 않는 것도 하나의 결점이다.

이식을 거듭하는 동안 염색체에 이상이 생겨 정상세포라고는 할 수 없게 되므로, 대개는 30대(代)쯤 계속 이식하고 나면 그 세포주는 버린다. 이것도 불리한 점이다.

IF 생성의 유발

백혈구에서 IF를 유발하는 데는 바이러스가 사용된다. 인플루엔자 바이러스의 한 패거리인 파라인플루엔자 바이러스나, 소에 감염하는 뉴캐슬병 바이러스가 사용된다. 정밀하게 조사한다면 더 좋은 바이러스가 발견될지도 모른다.

섬유아세포에는 이중결합 리보핵산의 폴리 IC가 사용된다.

어느 경우에 대해서도 유발 효과를 더 좋게 하기 위해 여러 가지 보조적인 처치를 연구한다.

정제

완성된 IF 제품은 매우 불순하기 때문에 세포 배양용 영양액 속에 극히 근소한 수의 IF 분자가 드문드문 떠 있다고 생각하면 된다. 불순물은 부작용의 원인이 되므로 되도록 제거하지 않으면 안 된다. 이를 위해 여러 가지 조처가 취해진다.

물리적인 방법으로는 다공성(多孔性) 미립자에 IF보다 분자량이 작은 불순물을 포착하는 방법이나 흡착력이 강한 물질에 IF와 같은 하전(荷電)의 것만 흡착시키는 방법 또는 IF와는 다른 하전의 것만을 흡착하는 방법이 있다.

화학적인 방법으로는 되도록 해가 없는 화합물을 가함으로써 불순물만을 침전시키거나 IF 및 IF와 유사한 물질만을 침전시키는 정제법이 실시된다.

또 면역을 이용하는 예민한 방법이 있다. IF에 대한 항체를 흡착력이 강한 물질에 흡착시켜 두고, 거기에다 IF 제품을 흘려보내면, IF만 항체에 결합하고 불순물은 씻겨 나간다. 나중에 항체로부터 IF를 분리하여 모은다. 항체는 이종동물의 단백질이므로 이것은 반드시 제거해야 한다.

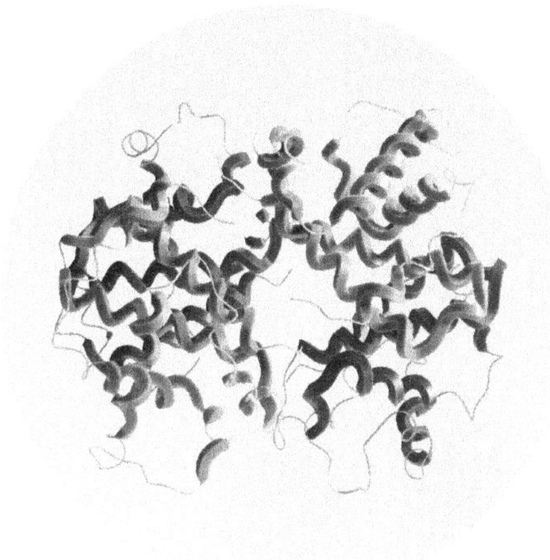

10장

IF의 장래

10

IF의 장래

필자는 IF의 문제에 대한 전망을 세울 수가 없는데 그 이유를 이야기해 보고자 한다.

실험을 시작할 때는 결과에 대해 예측하게 된다. 아무 예상도 없이는 실험을 시작할 마음이 들지 않는다. 이를테면 하늘의 별은 떨어지지 않는데도 가지에 매달린 사과는 왜 떨어질까 하고 이상하게 생각한다. 물체는 서로 끌어당기는 게 아닐까. 서로 끌어당기는 힘이 가까이에 있으면 있을수록 강하기 때문이 아닐까 생각한다.

그래서 이 생각이 옳은가 어떤가를 확인하기 위해 인력과 거리의 관계를 조사하게 된다. 이처럼 실험하기 위한 동기가 되는 예상을 가리켜 작업가설(作業假說)이라 한다.

그런데 필자는 지금까지 여러 가지 가능성을 상정하고, 여러 가지로 실험을 해 왔지만 필자가 세운 작업가설이 그대로 실증된 예는 좀처럼 없다. 정반대의 결론이 되기도 했다.

이것을 반성하기 때문에 필자는 IF에 대해 이제부터 앞으로 어떤 국면이 전개되리라는 것을 이야기할 용기가 생기지 않는 것이다.

가까운 장래에 IF가 대량으로 만들어진다든가, 화학조성의 연구가 크게 진보한다든가 하는 뻔한 일을 예언해 본들 아무 이익도 없으며, 그렇다고 해서 꿈같은 일, 이를테면 간단하게 인공적으로 합성될 날이 언젠가는 오리라고 말해 본들 이것 또한 아무 이익도 없다.

다만 몰래 품고 있는 소망을 말할 수는 있다.

IF가 어떤 바이러스병이건 어떤 암이건 고칠 수가 있다면 문제가 없지만, 그렇게 되지 않는 것이라면 적어도 이러이러한 바이러스병은 고칠 수 있다, 적어도 이러이러한 암이라면 고칠 수 있다고 확신을 가지고 말할 수 있는 날이 하루빨리 와주기를 바란다.

과거의 실패나 착오를 후회하는 일도, 장래를 약삭빠르게 선취하려고 초조해하는 것도 더불어 어리석은 일이다.

길은 아직도 멀고 험난하지만, 발을 땅에 붙이고 한 걸음 한 걸음 확실하게 앞으로 내딛는 수밖에 없다.

일대사 스님은 이렇게 말씀하셨다.

"일대사(一大事)란 오늘 지금의 이 시각을 뜻하느니라"라고.